普通高等院校机械类专业系列教材

U0159924

机械工程数字化技术
综合实践教程

郑晓虎　吴金文　编　著

西安电子科技大学出版社

内 容 简 介

　　本书主要讲述机械工程领域数字化设计与制造技术中常见的应用实例，具体内容包括：机构的运动仿真、零件的有限元分析、MATLAB-ADAMS 机电仿真、机电液联合仿真、LabVIEW-SolidWorks 半实物仿真、IMOLD 注塑模设计、Logopress3 冲压模设计、机械零件三维 CAD 系统开发、逆向工程建模技术、零件数控加工仿真。全书将理论讲解与具体实例紧密结合，力求使读者快速高效地掌握机械工程领域数字化设计与制造主流专业软件的使用。

　　本书结构严谨、内容充实、体系全面、可操作性强，可作为高等院校相关专业课程的辅导教材，也可作为数字化设计与制造技术爱好者及相关工程技术人员和管理人员的参考书。

图书在版编目（CIP）数据

机械工程数字化技术综合实践教程 / 郑晓虎，吴金文编著. —西安：西安电子科技大学出版社，2022.7
ISBN 978-7-5606-6507-8

Ⅰ. ①机…　Ⅱ. ①郑…　②吴 …　Ⅲ. ①数字技术—应用—机械工程—教材
Ⅳ. ①TH-39

中国版本图书馆 CIP 数据核字(2022)第 101341 号

策　　划　李鹏飞
责任编辑　李鹏飞
出版发行　西安电子科技大学出版社(西安市太白南路 2 号)
电　　话　(029)88202421　88201467　　　邮　　编　710071
网　　址　www.xduph.com　　　　　　电子邮箱　xdupfxb001@163.com
经　　销　新华书店
印刷单位　咸阳华盛印务有限责任公司
版　　次　2022 年 7 月第 1 版　　2022 年 7 月第 1 次印刷
开　　本　787 毫米×1092 毫米　1/16　印　张　13.5
字　　数　315 千字
印　　数　1～3000 册
定　　价　38.00 元

ISBN 978-7-5606-6507-8 / TH

XDUP 6809001-1

如有印装问题可调换

前　　言

　　数字化技术近几十年在机械工程领域中得到了广泛应用，极大地推进了现代设计方法、先进制造技术的发展，实现了制造业的快速化、高效化、精密化、远程化、并行化。目前数字化技术已成为业界代表性的发展方向，大批专业工程软件得到大规模的应用，应用涉及的范围已从机械设计制造扩展到车辆、医疗器械、家具、航空航天、电子电器、工程机械、化工等诸多领域。

　　很多高校已将数字化技术纳入教学培养任务中，机械类、近机类专业通常会安排一到两周的数字化技术专业综合实训环节，结合专业理论学习应用专业工程软件，对机电系统进行模拟仿真。本书以 CAD/CAM/CAE 为基础，系统介绍了机械工程领域数字化技术在设计与制造方面的具体使用，书中未赘述工程力学、机械原理、机械设计、液压传动、PLC 控制、数控技术、控制工程原理、塑料模具设计、冲压模具设计、CAD/CAM 技术等课程内容，而是结合实际需求对主流工程软件及其模块的使用要领做了深入说明与详细的使用方法介绍，并通过实例来讲解操作要点。读者若具备工程力学、机械设计、机械原理、控制理论、CAD/CAM、注塑模、冲压模、有限元分析、液压传动等专业知识，将有助于快速掌握相关内容。

　　编者多年使用 CAD/CAM/CAE 软件开发项目并讲授相关课程，希望能够通过本书以点带面，展示虚拟样机技术的高效性能，让读者通过具体的实例来深入体会数字化设计与制造专业软件的具体功能模块，深入理解其仿真、求解工程问题的思路，在实践中能熟练使用数字化技术，提高工作效率，减小工作强度。希望本书可帮助读者在短时间内快速掌握各类数字化软件的操作要领，掌握机械工程领域常用数字化技术。

　　本书第 1、2、3、4、5 章由郑晓虎编写，第 8、9、10 章由吴金文编写，第 6、7章由郑晓虎、吴金文合写。

　　由于时间仓促，加之作者水平有限，书中难免有疏漏之处，希望广大读者批评指正。读者可通过邮箱 267441934@qq.com 与编者交流，全书各章实例的电子源文件也可通过该邮箱来获取。

编者

2022 年 3 月

目　录

第 1 章　机构的运动仿真

【本章导读】

　　本章介绍 SolidWorks Motion 插件设置方法及运动仿真的操作要点，主要内容包括基本界面、运动分析工具栏的使用、运动马达的加载、接触的定义及结果图解查看等操作方法。通过本章内容的学习，读者应掌握使用 SolidWorks Motion 进行机构运动仿真的基本操作。

【本章知识点】

➢ SolidWorks Motion 插件设置
➢ 运动分析工具栏
➢ 运动参数的设置
➢ 结果图解的查看

1.1　SolidWorks Motion 简介

SolidWorks Motion 插件模拟机构运动的实现方式有下述三种：

(1) 动画：展示装配体中零件的运动。具体实现方式包括：

① 添加马达(软件中的叫法，即电动机)来驱动装配体一个或多个零件的运动。

② 使用设定键码点在不同时间规定装配体零部件的位置，并使用插值来定义键码点之间装配体零部件的运动。

(2) 基本运动：在装配体上模仿马达、弹簧、接触及引力。基本运动在计算运动时考虑到质量，可生成基于物理模拟的演示性动画。

(3) 运动分析：可精确模拟和分析装配体运动单元的效果(包括力、弹簧、阻尼以及摩擦)。运动分析使用动力求解器，在计算中考虑到材料属性、质量及惯性，能深入分析模拟结果。

　　零件模拟的动画及基本运动方式已经可以满足大部分机械设备装配体的展示、出图等要求，运动分析方式主要用于设计过程中的优化、参数评估及仿真分析场合。本章主要介绍运动分析方式。

1.1.1　插件设置

　　SolidWorks Motion 插件并没有显示在命令管理器中，需专门添加。在菜单栏选择【工具】，并在下拉菜单中点击【插件】，即可出现如图 1-1 所示对话框。该对话框中包含 SOLIDWORKS Premium 插件和 SOLIDWORKS 插件，勾选 SOLIDWORKS Motion 插件的复选框，然后点击【确定】，完成插件添加。SOLIDWORKS Premium 插件被添加后将出现在菜单栏中，SOLIDWORKS 插件被添加后则置于命令管理器中。

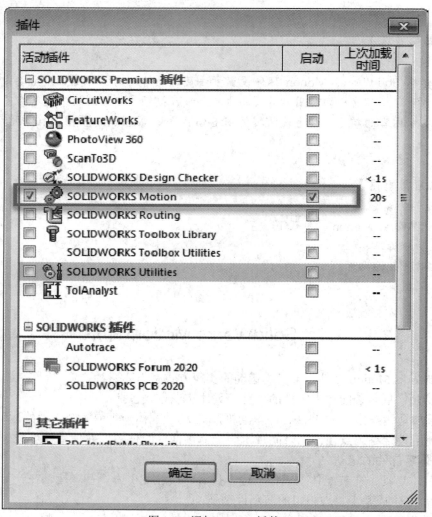

图 1-1　添加 Motion 插件

1.1.2　模型组成及动作分析

　　添加 SolidWorks Motion 插件后，打开装配体文件，系统就会显示对应的运动模拟菜单，SolidWorks 使用此菜单就可以对装配体文件进行运动仿真操作。

1．模型零件组成及装配关系

选择菜单命令【文件】|【打开】，打开指定的"手压阀"装配体文件。如图 1-2 所示，手压阀由 7 个零件组成，分别为销钉、手柄、锁紧螺母、阀杆、弹簧、阀体、垫圈与调压螺母。

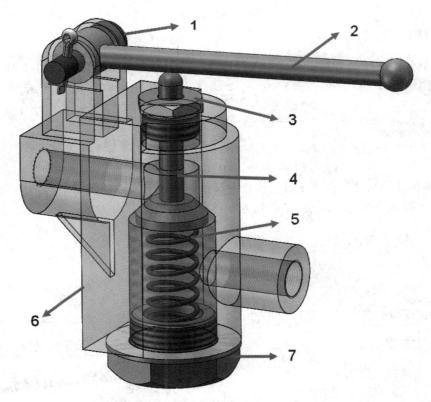

1—销钉；2—手柄；3—锁紧螺母；4—阀杆；5—弹簧；6—阀体；7—垫圈与调压螺母

图 1-2　手压阀的模型组成

设定销钉、手柄、锁紧螺母、调压螺母材料为碳素钢，阀杆材料为黄铜，阀体材料为铸造铝合金，弹簧材料为合金钢，垫圈材料为橡胶。

阀体上口、下口分别由锁紧螺母与调压螺母封闭，阀杆上端与锁紧螺母同轴并穿过螺母中心孔，下端与弹簧连接。弹簧下端与调压螺母内孔端面连接。由于弹簧弹性力的作用，阀杆处于高位，与阀体贴合，此时阀体进口与出口被阀杆隔断。

销钉固定安装在阀体的支架上，手柄与销钉为铰链配合，可以绕销钉转动。设定阀杆上端球面与手柄为相切关系。

2．模型动作

由于受弹簧作用，阀体一般处于常闭状态，手柄因受到重力而与阀杆上端接触。若在手柄上施加转矩，使手柄绕销钉顺时针旋转，阀杆受力向下运动，弹簧受压收缩，则阀体的进口与出口相通。若撤掉手柄上施加的运动，则弹簧伸长推动阀杆向上运动直至与阀体内壁贴合，此时阀体关闭。

1.2 运动仿真

1.2.1 动画

新建算例，在运动分析工具栏中选择运动模拟类型为【动画】，如图 1-3 所示。

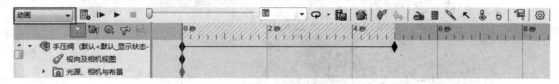

图 1-3 选择运动模拟类型为【动画】

(1) 施加转动马达。点击工具栏按钮 ，施加转动马达。如图 1-4 所示，选择手柄，定义顺时针转动角度为"11 度"，时间为 5 秒。

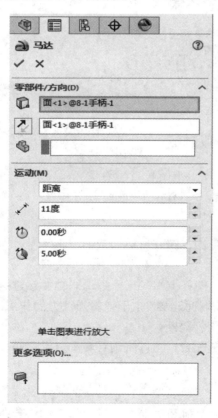

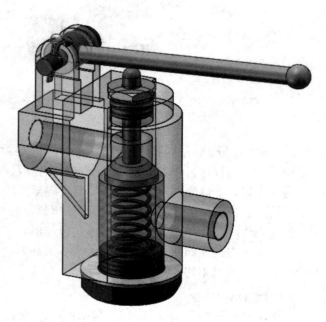

图 1-4 添加马达

(2) 仿真运算。点击工具栏按钮 ，进行运算，完成仿真。可以点击 ▶ 进行运动回放，点击 进行动画文件保存。

1.2.2　Motion 分析

新建算例，在运动分析工具栏中选择运动模拟类型为【Motion 分析】，如图 1-5 所示。

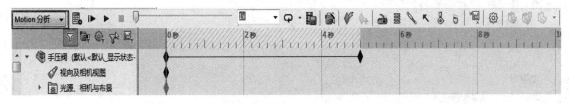

图 1-5　选择运动模拟类型为【Motion 分析】

(1) 定义重力。点击工具栏按钮 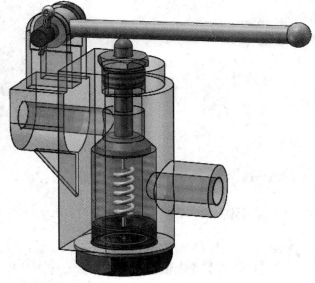，设定重力的方向及重力加速度大小。

(2) 施加马达。如图 1-4 所示，在手柄上施加相同的运动。

(3) 施加弹簧。为便于观察，可以删除或压缩装配体中的弹簧零件。点击工具栏按钮 🗏，在阀杆底端及调压螺母内孔端面之间施加弹簧，具体参数如图 1-6 所示。

图 1-6　施加弹簧

(4) 定义接触。点击工具栏按钮 ，定义销钉外圆柱面与手柄铰链孔接触，具体参数如图 1-7 所示。

图 1-7　定义接触

(5) 仿真运算。点击工具栏按钮 📇，进行运算，完成仿真。

1.2.3　结果图解

点击工具栏按钮 ，出现如图 1-8 所示对话框，分别选择对话框中【位移/速度/加速度】、【线性位移】、【幅值】选项，点击目标零件为阀杆，然后点击 ✔，系统弹出阀杆的位移–时间变化曲线，如图 1-9 所示。

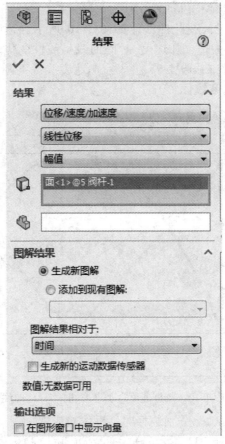

图 1-8　运动图解对话框

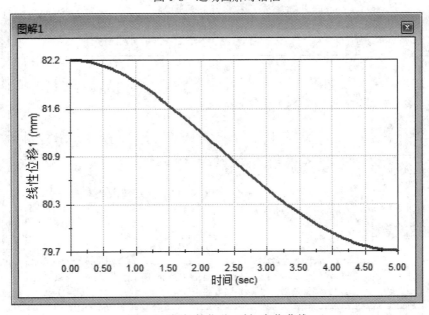

图 1-9　阀杆的位移-时间变化曲线

阀杆从高位受压下降，位置呈曲线下降，其位移最大值为2.5 mm。同样可以显示阀杆的速度-时间与加速度-时间变化曲线，如图1-10所示。速度-时间曲线呈抛物线变化趋势，在2.5 s时，达到最大值。加速度-时间曲线呈线性变化趋势，在载荷施加的瞬时，加速度从0上升至最大值；在0~2.5 s阶段，加速度线性下降；在2.5 s时，加速度降为0；在2.5~5 s阶段，加速度线性上升至最大。

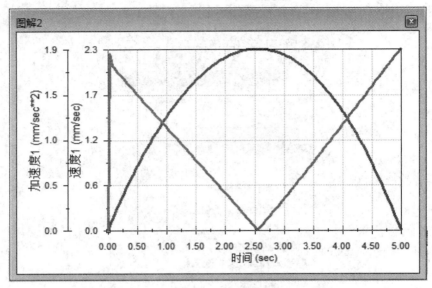

图1-10　阀杆速度、加速度-时间变化曲线

在如图1-8所示对话框中，分别选择对话框中对应选项，可以查看施加在手柄上的马达力矩-时间变化曲线，如图1-11所示。在手柄转动期间，马达力矩-时间曲线呈下降趋势。

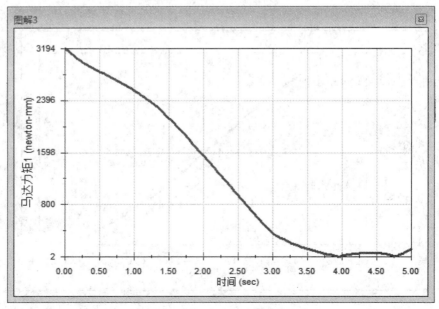

图1-11　手柄马达力矩-时间变化曲线

销钉与手柄之间的接触力变化曲线如图 1-12 所示。曲线在整个转动期间呈不规则变化，在 2.3 s 附近，接触力最大。

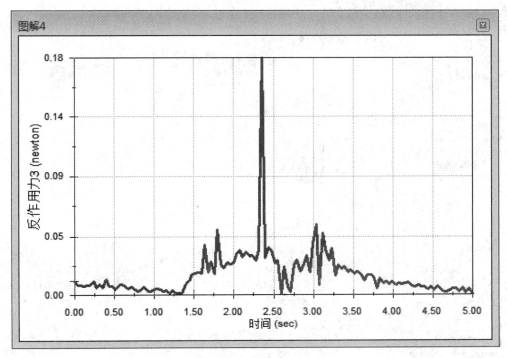

图 1-12　接触力变化曲线

1.3　ADAMS 运动分析

ADAMS (Automatic Dynamic Analysis of Mechanical Systems) 软件是美国 MSC 公司开发的虚拟样机分析软件。ADAMS 软件使用交互式图形环境和零件库、约束库、力库，创建完全参数化的机械系统几何模型，其求解器采用多刚体系统动力学理论中的拉格朗日方程方法，对虚拟机械系统进行静力学、运动学和动力学分析，输出位移、速度、加速度和反作用力曲线。该软件可预测机械系统的性能、运动范围、碰撞检测、峰值载荷及计算有限元的输入载荷等。

1.3.1　建立模型

首先在 SolidWorks 中建立曲柄滑块机构装配体文件，如图 1-13 所示。其次分别定义零件材料及装配关系，中间的方块设置为固定，左边方块与曲柄下端铰接，右边滑块与中间的方块底面共面。定义完成后，使用 SolidWorks Motion 对装配体文件进行运动仿真，可见曲柄在重物作用下绕铰接点左右摆动，驱动右边的滑块往复运动。

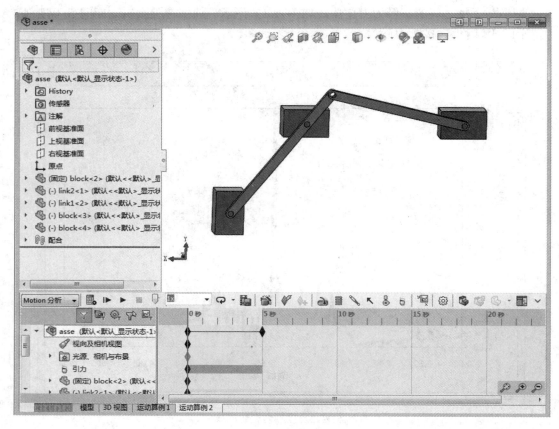

图 1-13　SolidWorks 模型

点击【运动算例 2】选项，选择装配体，右键选择【输出到 ADAMS】，如图 1-14 所示，将 SolidWorks 模型输出到指定文件夹，SolidWorks 将模型转化成 ADAMS 文件。

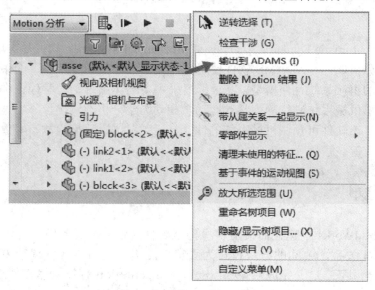

图 1-14　导出 ADAMS 文件

在 ADAMS 中打开上一步生成的模型文件，为便于观察，可以对模型进行上色渲染，如图 1-15 所示。在【Bodies】菜单下查看各零件，其质量、材料属性均保持不变。在【Connectors】菜单下，零件间的位置定义也保留。中间设为固定的方块在 ADAMS 中被定义为 "ground"。在【Forces】菜单下，重力加速度的方向、大小均保留。对于复杂的装配文件，可以在 ADAMS 中重新定义零件间的运动副并添加驱动等要素。本例中是利用左边方块的重量驱动曲柄摆动的，不需要设置驱动载荷，可以直接进行系统的运动模拟，读取仿真数据即可。

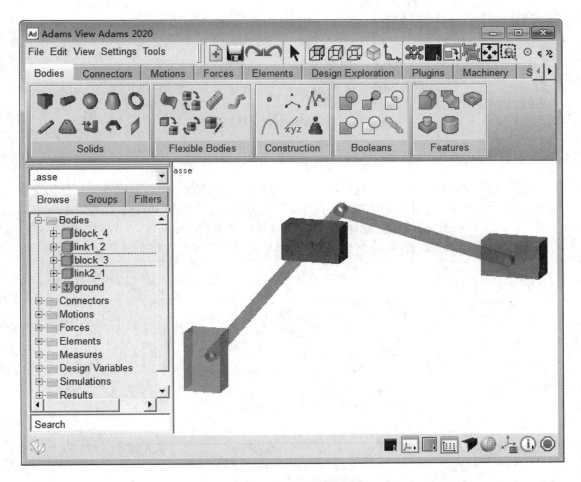

图 1-15　ADAMS 模型

1.3.2　运动仿真

点击菜单栏【Simulation】，继续点击按钮⚙，出现如图 1-16 所示【Simulation Control】对话框。输入【End Time】为 5.0，【Steps】为 200，点击按钮▶，运行仿真计算。

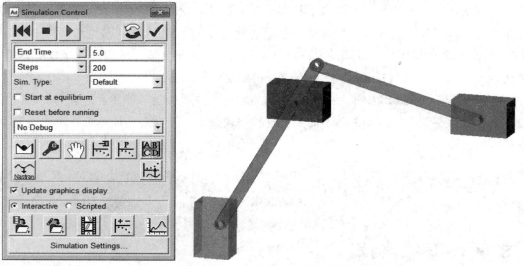

图 1-16　【Simulation Control】对话框

1.3.3　数据显示

点击【Simulation Control】对话框中的按钮，系统弹出数据后处理界面。选择要查看的目标、特征数据、分量等选项，如图 1-17 所示，点击【Add Curves】按钮，系统生成图表。图 1-17 显示的是曲柄端点 MARKER_11(即悬挂重物的铰接点)X、Y 方向的位移曲线。

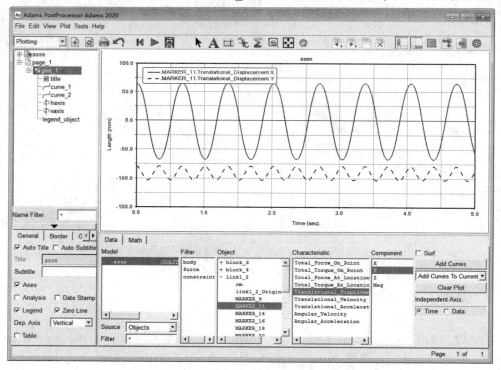

图 1-17　曲柄端点 X、Y 位移曲线

　　继续点击滑块质心作为查看目标，查看质心的位移、速度变化曲线，点击【Add Curves】按钮，系统生成位移、速度变化曲线，如图 1-18 所示。

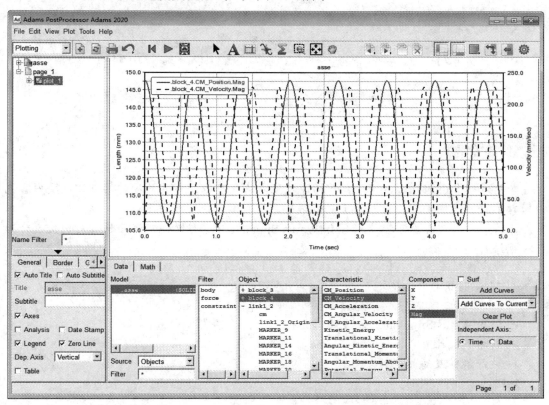

图 1-18　滑块质心的位移、速度变化曲线

第2章　零件的有限元分析

【本章导读】

　　本章介绍 SolidWorks Simulation 插件设置方法及有限元仿真的操作要点，主要内容包括基本界面、材料定义、施加载荷及边界条件、网格划分及结果图解等操作方法。通过本章内容的学习，读者应掌握使用 SolidWorks Simulation 进行零件有限元仿真与优化设计的基本操作。

【本章知识点】

➢ SolidWorks Simulation 设置及工具栏
➢ 材料定义操作
➢ 施加载荷及边界条件
➢ 网格划分
➢ 结果图解

2.1　SolidWorks Simulation 简介

　　SolidWorks Simulation 是一个与 SolidWorks 完全集成的设计分析系统，提供了单一屏幕解决方案进行应力分析、频率分析、扭曲分析、热分析和优化分析。SolidWorks Simulation 提供了多种捆绑包，凭借快速解算器的强有力支持，使得个人计算机可以快速解决大型问题，满足分析需要。

2.1.1　基本设置

　　在菜单栏点击【工具】|【插件】，出现如图 2-1 所示对话框，勾选 SOLIDWORKS Simulation 插件的复选框，然后点击【确定】，完成插件的添加。此时，系统已添加 SolidWorks Simulation 插件，可以进行有限元仿真的操作。

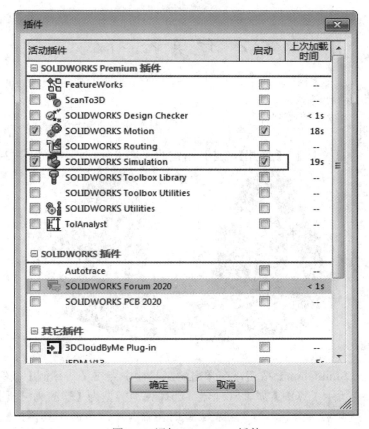

图 2-1　添加 Simulation 插件

2.1.2　分析流程

分析流程主要包括：

(1) 准备几何体。此处的几何体可以是原生 SolidWorks 零件、多体零件或装配体，也可以是来自其他 CAD 软件的文件，甚至是中间格式，例如 STEP、IGES 或 Parasolid。SolidWorks Simulation 能够分析所有这些文件类型。

(2) 定义材料。给所有组件定义材料，如果在设计 CAD 模型时定义了材料，将自动进入仿真模拟研究。如果在设计 CAD 模型时没有定义，可以在设置仿真模拟时定义。

(3) 施加载荷及边界条件。定义作用于结构的载荷，并施加约束条件。载荷分为两种类型：静态和动态。如果施加的力与时间无关，则可以将问题定义为静态问题，反之则为动态问题。

(4) 对模型进行网格划分。将几何体分成更小更简单的实体(称为元素)来近似几何体，这个过程称为"网格化"，它可以由软件自动化完成。对于希望更好地控制网格划分过程的高级用户，可以使用内置工具进行额外的细化。

(5) 仿真求解。

(6) 结果图解。使用云图、图表、动画和报告查看应力、应变、位移、安全系数等结果。

2.2　仿　真　分　析

2.2.1　零件仿真

1. 打开零件

选择菜单命令【文件】|【打开】，打开指定的"连接件"零件，如图 2-2 所示。

图 2-2　连接件

点击菜单栏【Simulation】按钮，在弹出的工具栏中点击【新算例】按钮，如图 2-3 所示，出现如图 2-4 所示【算例】属性管理器，选择算例类型为【静应力分析】，点击 ✔，弹出如图 2-5 所示"静应力分析 1"工具栏。此时图 2-3 中灰色的工具栏按钮被激活，可以进行算例的后续操作。

图 2-3　新算例

图 2-4　【算例】属性管理器　　　图 2-5　"静应力分析 1"工具栏

2. 定义材料

点击【应用材料】按钮$\boxminus$，设定零件材料为黄铜，如图 2-6 所示。此时零件外观显示所设定材料黄铜的颜色。如果在零件建模时已定义材料，此步操作可省略。

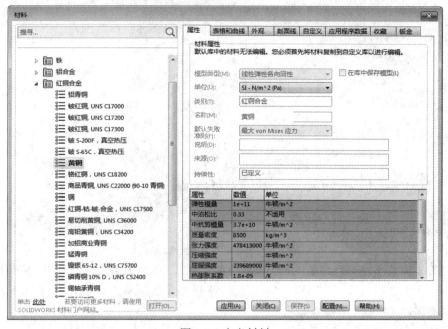

图 2-6　定义材料

3. 施加载荷及边界条件

右键图 2-5 中【夹具】，在图 2-7 夹具选项子菜单中选择【固定几何体…】，即限制 3 个自由度，弹出【夹具】属性管理器(如图 2-8 所示)，选择【固定几何体】，点击零件中台阶面为固定，点击 ✔ 完成夹具设定。

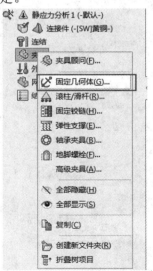

图 2-7　夹具选项子菜单

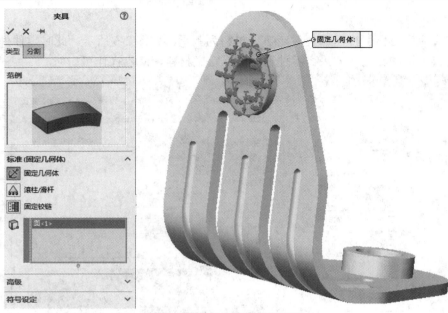

图 2-8　【夹具】属性管理器

　　右键图 2-5 中【外部载荷】，弹出外部载荷选项子菜单(如图 2-9 所示)，选择【力…】，弹出【力/扭矩】属性管理器(如图 2-10 所示)，选择力作用面与方向，大小为 10 N，点击✔完成载荷施加。

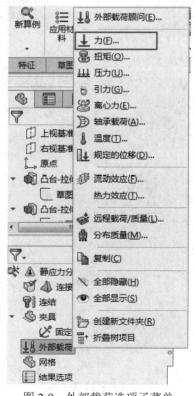

图 2-9　外部载荷选项子菜单

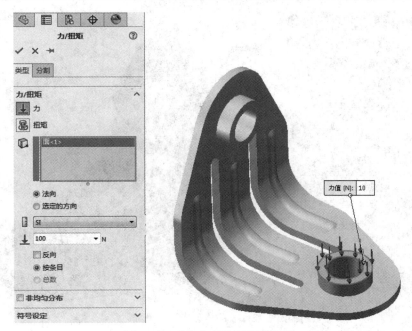

图 2-10　【力/扭矩】属性管理器

4．网格划分

右键图 2-5 中【网格】，弹出网格选项子菜单(如图 2-11 所示)，选择【生成网格…】选项，弹出【网格】属性管理器(如图 2-12 所示)，选择【网格密度】，点击✔完成网格划分。

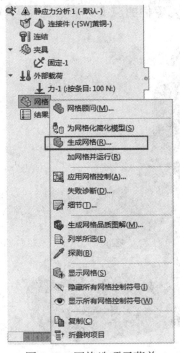

图 2-11　网格选项子菜单

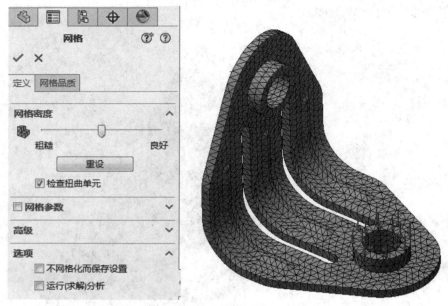

图 2-12　【网格】属性管理器

5. 运算与结果

点击工具栏【运行此算例】按钮 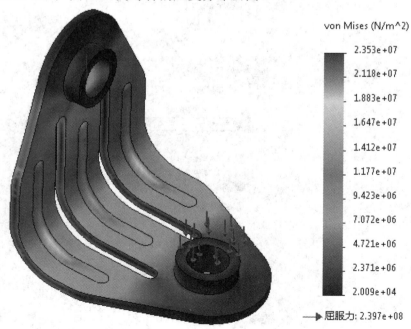（图标），完成仿真。点击图 2-5 中【结果】|【应力】，系统弹出应力分布云图，如图 2-13 所示，零件所受最大应力为 $2.353e+7$ N/m^2，材料屈服强度为 $2.397e+8$ N/m^2，设计满足材料的强度要求。图 2-14 为零件的位移分布云图，最大值为 0.225 mm；图 2-15 为零件的应变分布云图。

von Mises (N/m^2)

- 2.353e+07
- 2.118e+07
- 1.883e+07
- 1.647e+07
- 1.412e+07
- 1.177e+07
- 9.423e+06
- 7.072e+06
- 4.721e+06
- 2.371e+06
- 2.009e+04

→ 屈服力: 2.397e+08

图 2-13　应力分布云图

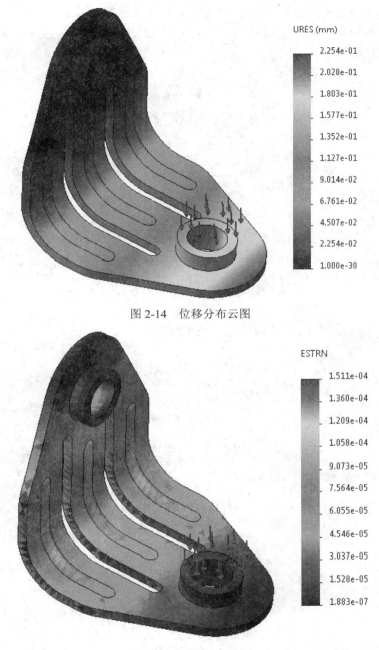

图 2-14　位移分布云图

图 2-15　应变分布云图

2.2.2　优化设计

点击菜单栏【Simulation】按钮，在弹出的工具栏中点击【新算例】按钮(如图 2-3 所示)，弹出【算例】属性管理器，如图 2-16 所示，选择算例类型为【设计算例】，点击✔，弹出如图 2-17 所示视图栏。在【变量视图】标签中，选择优化目标为零件质量最小；在【约束】表中选择【添加传感器】，弹出【传感器】属性管理器如图 2-18 所示，建立约束变量为模拟计算的应力小于 $2.3e + 8 \, \text{N/m}^2$；在【变量】表中选择连接体零件的厚度及凹槽宽度作为变量，变化范围为 $1 \sim 3 \, \text{mm}$。点击图 2-17 中【运行】按钮，系统运算所有算例，并给出优化结果，如图 2-19 所示。

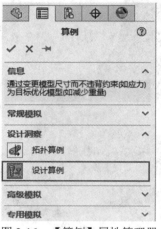

图 2-16　【算例】属性管理器

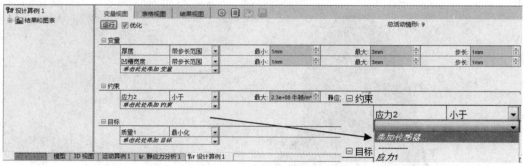

图 2-17　设计算例视图栏

图 2-18　【传感器】属性管理器

11 情形之 8 已成功运行 设计算例质量: 高

	当前	初始	优化 (1)	情形 1	情形 2	情形 3	情形 4	情形 5	情形 6	情形 7	情形 8	情形 9
厚度	2mm	2mm	1mm	1mm	2mm	3mm	1mm	2mm	3mm	1mm	2mm	3mm
凹槽宽度	2mm	2mm	1mm	1mm	2mm	3mm	1mm	2mm	3mm	1mm	2mm	3mm
应力2	<2.3e+08 牛顿/m^2	2.35265e+07 牛顿/m^2	2.35265e+07 牛顿/m^2	9.15277e+07 牛顿/m^2	9.15277e+07 牛顿/m^2	2.39557e+07 牛顿/m^2			9.3145e+07 牛顿/m^2	2.35265e+07 牛顿/m^2	9.36149e+07 牛顿/m^2	2.33074e+07 牛顿/m^2
质量1	最小化	0.043645 kg	0.043645 kg	0.027367 kg	0.027367 kg	0.043834 kg		0.028378 kg	0.043645 kg		0.029418 kg	0.04366 kg

图 2-19　优化计算结果

2.2.3　装配体仿真

1. 打开零件

选择菜单命令【文件】|【打开】，打开指定的“连接件装配”装配体文件，如图 2-20 所示。设定固定板材料为合金钢。

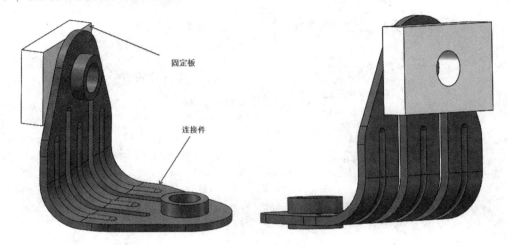

图 2-20　连接件装配体

点击工具栏【新算例】按钮，出现如图 2-4 所示【算例】属性管理器，选择算例类型为【静应力分析】，点击✔，弹出如图 2-21 所示“静应力分析 1”工具栏。

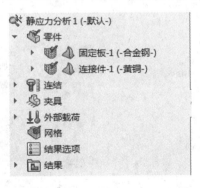

图 2-21　“静应力分析 1”工具栏

2. 定义连接

右键图 2-21 中【连结】，在出现的图 2-22 连结选项子菜单中选择【螺栓…】，弹出如图 2-23 所示【接头】属性管理器，定义螺栓孔圆形边线与螺母孔圆形边线，如图 2-24 所示，点击✔完成螺栓连接。

图 2-22　连结选项子菜单　　　图 2-23　【接头】属性管理器

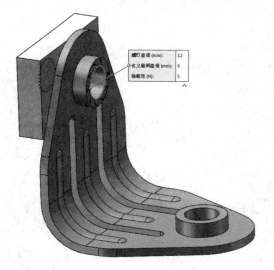

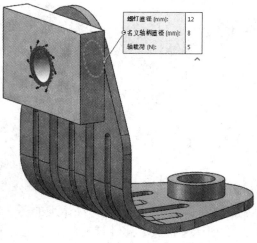

图 2-24　定义螺栓孔与螺母孔圆形边线

右键图 2-21 中【连结】，在出现的图 2-22 连结选项子菜单中选择【相触面组…】，弹出如图 2-25 所示【相触面组】属性管理器，定义固定板与连接体台阶面接触，如图 2-26 所示，点击✔完成螺栓连接。

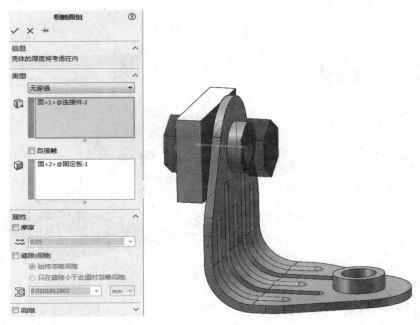

图 2-25　【相触面组】属性管理器　　　　图 2-26　定义固定板与连接体台阶面接触

3. 施加载荷及边界条件

右键图 2-21 中【夹具】，在出现的图 2-27 夹具选项子菜单中选择【固定几何体…】，即限制 3 个自由度，弹出【夹具】属性管理器(如图 2-28(a)所示)，选择【固定几何体】，点击固定板上下端面为固定(如图 2-28(b)所示)，点击✔完成夹具设定。

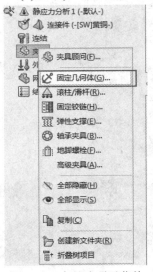

图 2-27　夹具选项子菜单

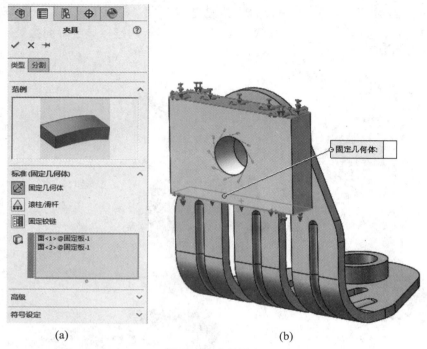

(a)　　　　　　　　　　　　　　　　　(b)

图 2-28　夹具设定

施加的载荷与 2.21 节完全相同。如图 2-10 所示，在连接体台阶面上施加竖直向下的 10 N 力。

4．网格划分

划分网格后的装配体，如图 2-29 所示。

图 2-29　网格划分

5. 运算与结果

点击工具栏【运行此算例】按钮 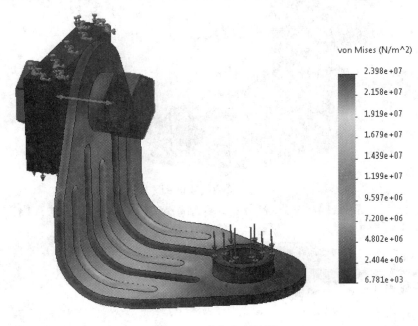，完成仿真。点击图 2-21 中【结果】，选择【应力】，系统弹出应力分布云图，如图 2-30 所示，零件最大应力为 2.398e + 7 N/m²，材料屈服强度为 2.397e + 8 N/m²(见图 2-6)，设计满足材料的强度要求。图 2-31 为零件的位移分布云图，最大值为 0.228 mm；图 2-32 为零件的应变分布云图。

图 2-30 应力分布云图

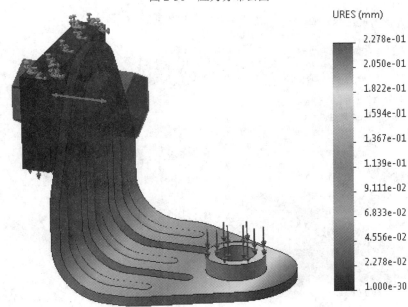

图 2-31 位移分布云图

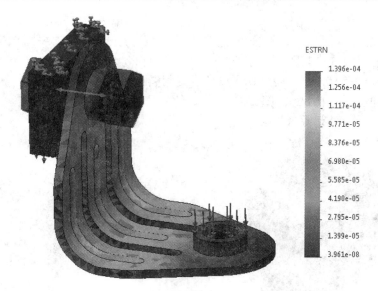

图 2-32 应变分布云图

右键图 2-21 中【结果】，在出现的图 2-33 结果选项子菜单中选择【列出接头力…】，弹出如图 2-34 所示【合力】属性管理器，勾选【接头力】选项。

图 2-33 结果选项子菜单

图 2-34 【合力】属性管理器

2.3　ANSYS 静力仿真

ANSYS 软件是美国 ANSYS 公司研制的大型通用有限元分析软件，可以用来求解结构、流体、电力、电磁场及碰撞等问题。该软件主要包括三个部分：前处理模块、分析计算模块和后处理模块。

2.3.1　几何建模

在 SolidWorks 中建立模型，导出为 Parasolid 格式文件，打开 ANSYS，在菜单栏点击【File】|【import】，读取文件，如图 2-35 所示。

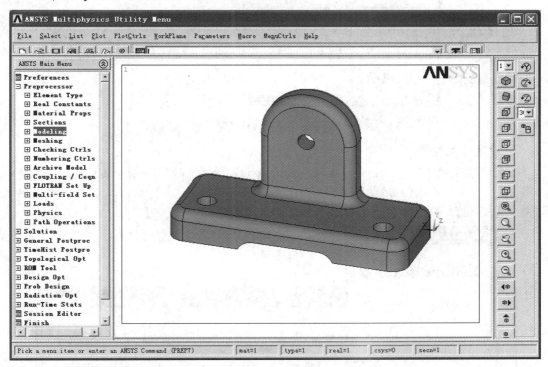

图 2-35　模型文件

2.3.2　设置材料参数与单元类型

1. 设定材料参数

如图 2-36 所示，在菜单栏点击【Preprocessor】|【Material Models】，系统弹出【Define Material Model Behavior】对话框，点击右侧列表框中【Isotropic】选项，设定材料弹性模量与泊松比，在【EX】输入框中输入 1e+11，【PRXY】输入框中输入 0.33，单击【OK】。点击右侧列表框【Density】选项，同样可以设定材料密度为 8500 kg/m^3。

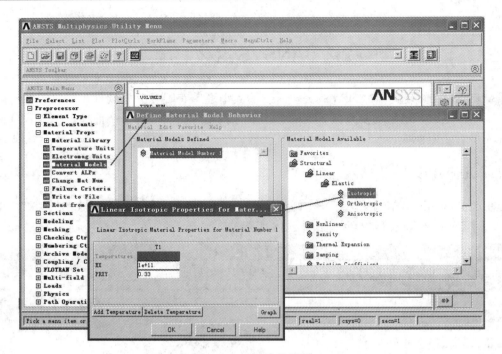

图 2-36   延伸实体效果

2. 设定单元类型

在菜单栏点击【Preprocessor】|【Element Type】，系统弹出【Element Types】对话框，如图 2-37 所示。点击【Add...】按钮，弹出【Library of Element Types】对话框，点击左侧列表中【Solid】，再选择右侧【Brick 8node 45】单元，单击【OK】。

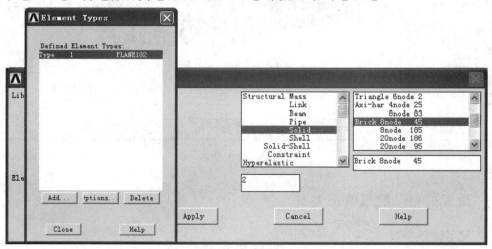

图 2-37   单元类型

2.3.3   网格划分

在菜单栏点击【Preprocessor】|【MeshTool】，系统弹出【MeshTool】对话框，如图 2-38

所示。勾选【Smart Size】复选框，在【Mesh】栏选择【Volumes】，在【Shape】栏选择【Tet】，点击【Mesh】按钮，进行网格划分，结果如图 2-39 所示。

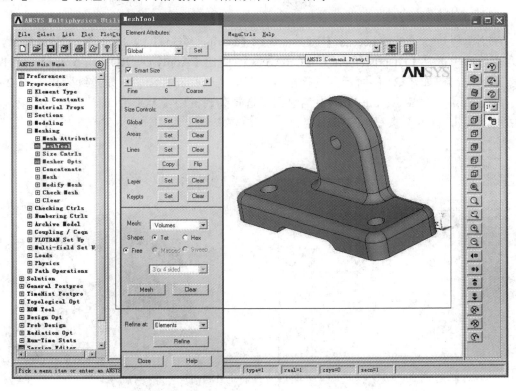

图 2-38　【Mesh Tool】对话框

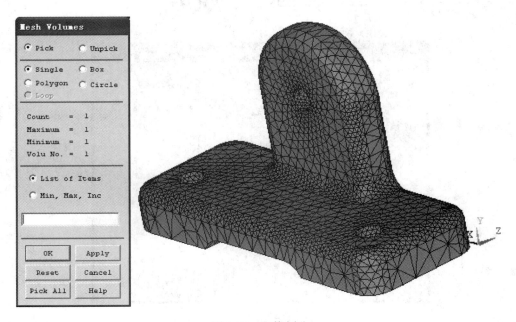

图 2-39　网格划分

2.3.4 施加约束与载荷

1. 边界条件

在菜单栏点击【Preprocessor】|【Loads】|【Define Loads】|【Apply】|【Structural】，在列表选项中选择【Displacement】|【On Areas】，弹出【Apply U，ROT on Areas】对话框，勾选【Single】，如图 2-40 所示，选择模型底部的两个孔圆柱面，系统继续弹出如图 2-41 所示的【Apply U，ROT on Areas】信息框，选择列表框中【ALL DOF】选项，约束全部自由度，点击【OK】按钮，完成设定。

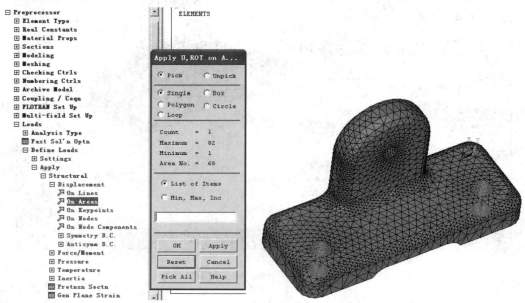

图 2-40   选择孔圆柱面

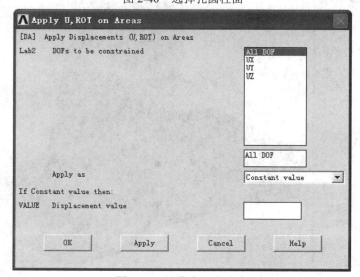

图 2-41   约束全部自由度

2. 施加载荷

在菜单栏点击【Preprocessor】|【Loads】|【Define Loads】|【Apply】|【Structural】，在列表选项中选择【Pressure】|【On Areas】，弹出【Apply PRES on Areas】对话框，勾选【Single】，如图 2-42 所示，选择模型侧面的环型台阶面，系统继续弹出如图 2-43 所示的【Apply PRES on areas】信息框，在【Apply PRES on areas as a】选项框中选择【Constant value】，在【VALUE Load PRES value】输入框中输入 100000000，点击【OK】按钮，完成设定。

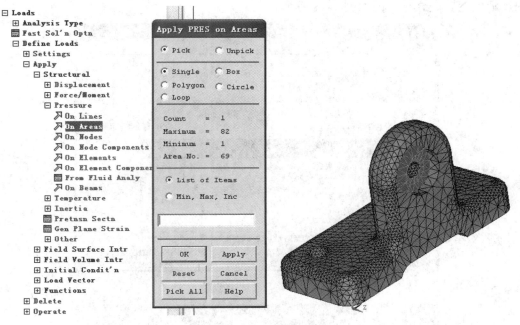

图 2-42　选择环型台阶面

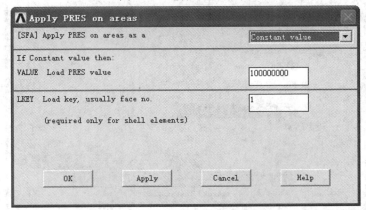

图 2-43　输入载荷

2.3.5　求解与结果后处理

在菜单栏点击【Solution】|【Solve】|【Current LS】，系统弹出【Solve Current Load Step】

消息框，如图 2-44 所示，单击【OK】按钮，进行求解。系统求解完成后，点击菜单栏
【General Postproc】|【Read Results】|【Last Set】，系统读取求解的数据，准备查看。点
击菜单栏【General Postproc】|【Plot Results】|【Nodal Solu】，弹出如图 2-45 所示的【Contour
Nodal Solution Data】对话框，选择【DOF Solution】下的【Displacement vector sum】选
项，查看模型位移分布云图，点击【OK】按钮，视图显示模型位移分布云图如图 2-46
所示。选择图 2-45 中【Stress】下的【von Mises stress】选项，视图显示模型应力分布云
图如图 2-47 所示。选择图 2-45 中【Total Strain】下的【von Mises total strain】选项，视
图显示模型应变分布云图如图 2-48 所示。

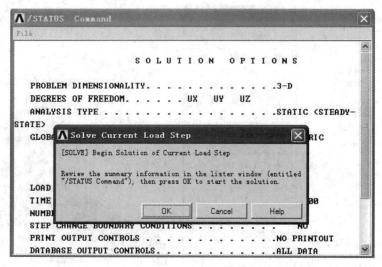

图 2-44　求解消息框

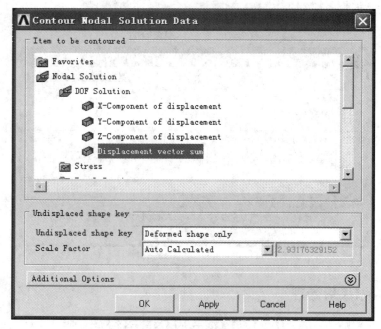

图 2-45　结果查看对话框

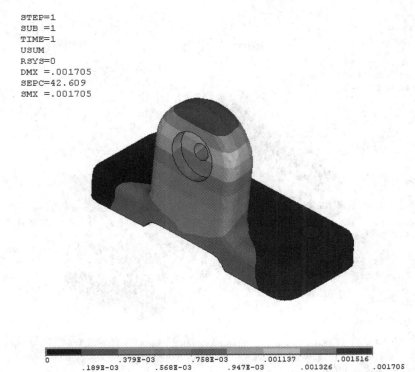

```
STEP=1
SUB =1
TIME=1
USUM
RSYS=0
DMX =.001705
SEPC=42.609
SMX =.001705
```

图 2-46　模型位移分布云图

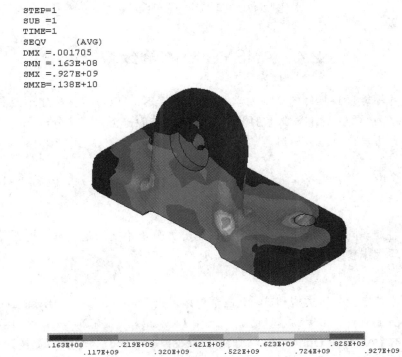

```
STEP=1
SUB =1
TIME=1
SEQV     (AVG)
DMX =.001705
SMN =.163E+08
SMX =.927E+09
SMXB=.138E+10
```

图 2-47　模型应力分布云图

```
STEP=1
SUB =1
TIME=1
EPTOEQV  (AVG)
DMX =.001705
SMN =.232E-03
SMX =.009442
```

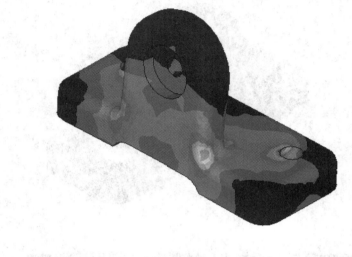

```
.232E-03        .002279        .004325        .006372        .008419
        .001255        .003302        .005349        .007395        .009442
```

图 2-48　模型应变分布云图

2.4　ANSYS 动力学仿真

静力分析并不能反映零件的全部力学性能，ANSYS 可以对零件施加动载荷求解其响应特性，称为动力学仿真。它一般包括模态分析、谐响应分析、瞬态分析、谱分析等。本节仅演示模态分析与谐响应分析过程。

2.4.1　模态分析

1. 前处理
模态分析前处理同 2.3.1～2.3.4 节内容。与静力分析不同的是模态分析不需要施加载荷，因此前处理操作参照图 2-35～图 2-42 所示。

2. 求解
进入求解器并指定分析类型和选项，在菜单栏点击【Solution】|【Analysis Type】|【New Analysis】，弹出【New Analysis】对话框，选择【Modal】，如图 2-49 所示，点击【OK】按钮。继续点击【Analysis Options】，将弹出【Modal Analysis】对话框，选中【Subspace】，在【No. of modes to extract】与【NMODE No. of modes to expand】输入框中输入 5，如图

2-50 所示，单击【OK】，出现【Subspace Modal Analysis】对话框，输入【FREQB Start Freq】值为 100，如图 2-51 所示，单击【OK】。

进行求解计算，在菜单栏点击【Solution】|【Solve】|【Current LS】。

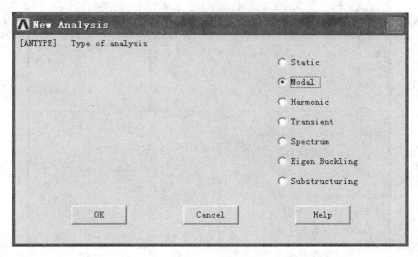

图 2-49　【New Analysis】对话框

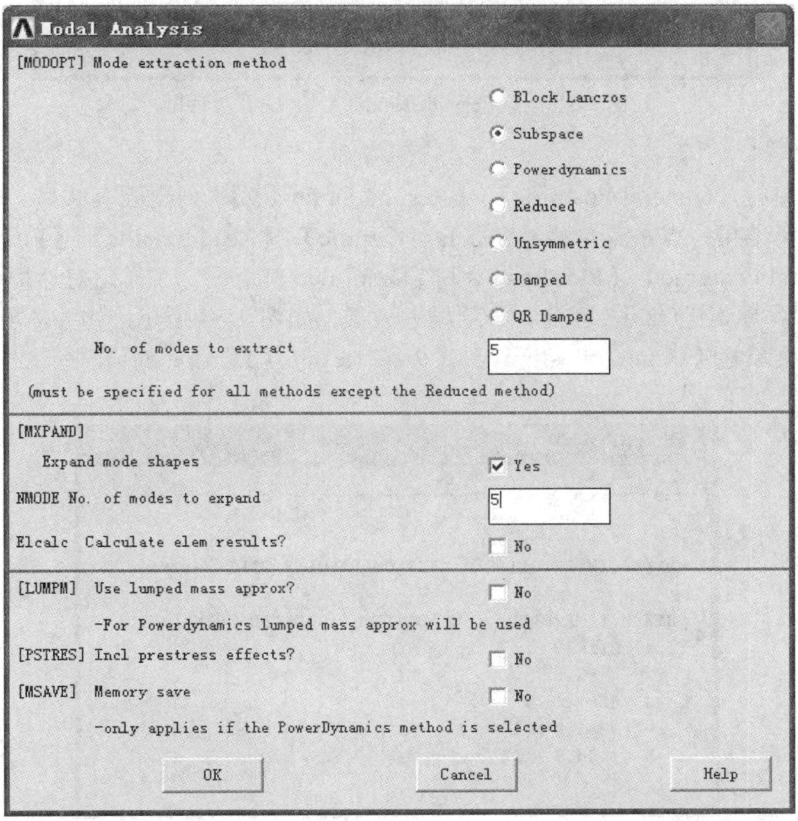

图 2-50　【Modal Analysis】对话框

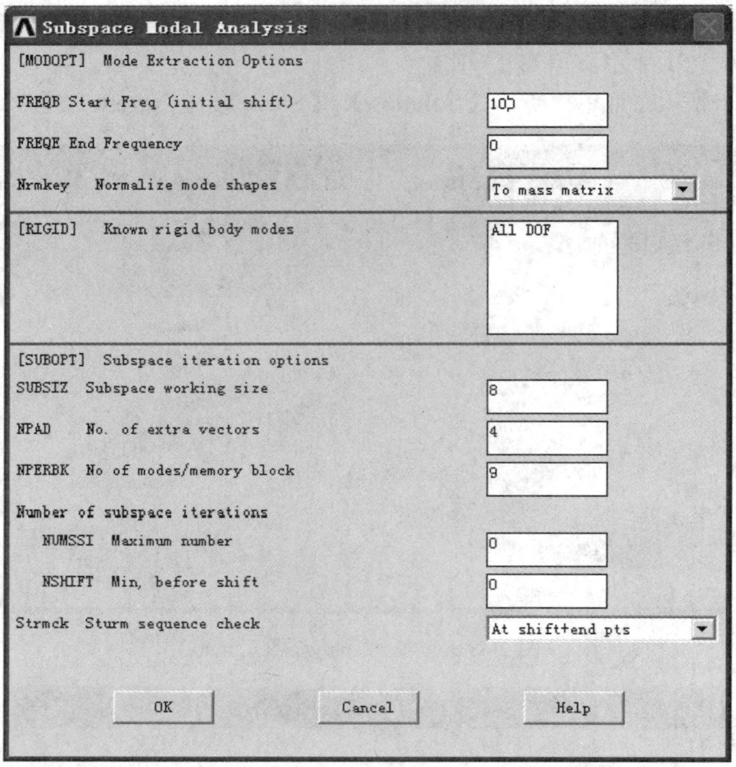

图 2-51　【Subspace Modal Analysis】对话框

3. 后处理

点击菜单栏【General Postproc】|【Results Summary】，列出固有频率，如图 2-52 所示。读入求解结果，点击菜单栏【General Postproc】|【Read Results】|【First Set】，然后点击【General Postproc】|【Plot Results】|【Deformed Shape】，在弹出对话框中选择【Def undefe edge】，单击【OK】，可查看一阶模态效果，如图 2-53 所示。如果需要查看其他阶模态，点击菜单栏【General Postproc】|【Read Results】|【Next Set】，重复执行上述步骤即可。

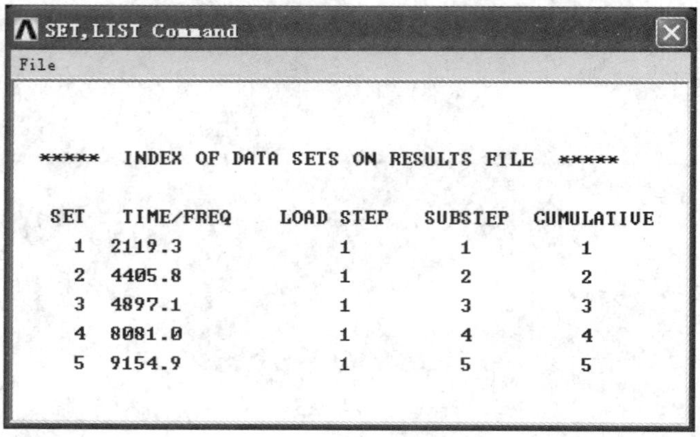
SET,LIST Command

File

***** INDEX OF DATA SETS ON RESULTS FILE *****

SET	TIME/FREQ	LOAD STEP	SUBSTEP	CUMULATIVE
1	2119.3	1	1	1
2	4405.8	1	2	2
3	4897.1	1	3	3
4	8081.0	1	4	4
5	9154.9	1	5	5

图 2-52　固有频率

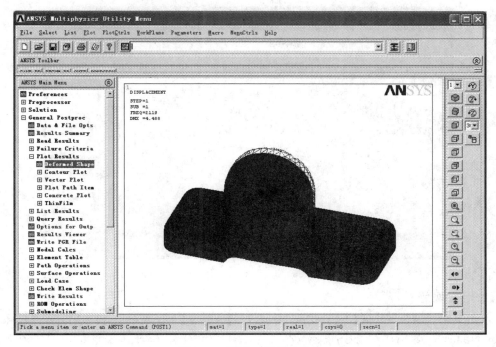

图 2-53　查看一阶模态效果

2.4.2　谐响应分析

1. 分析类型设定

点击菜单栏【Solution】|【Analysis Type】|【New Analysis】，出现【New Analysis】对话框，如图 2-49 所示，选择【Harmonic】，点击【OK】按钮。继续点击【Analysis Options】，出现【Harmonic Analysis】对话框，设定【Solution method】为【Mode Superpos'n】，设定【DOF printout format】为【Amplitud+phase】，如图 2-54 所示，单击【OK】，弹出如图 2-55 所示对话框，在【Maximum mode number】文本框中输入与模态分析时所求阶数 5，单击【OK】。

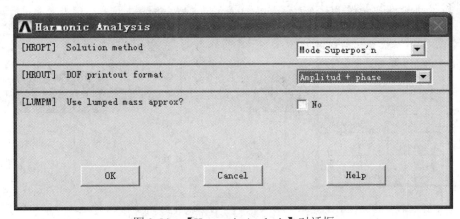

图 2-54　【Harmonic Analysis】对话框

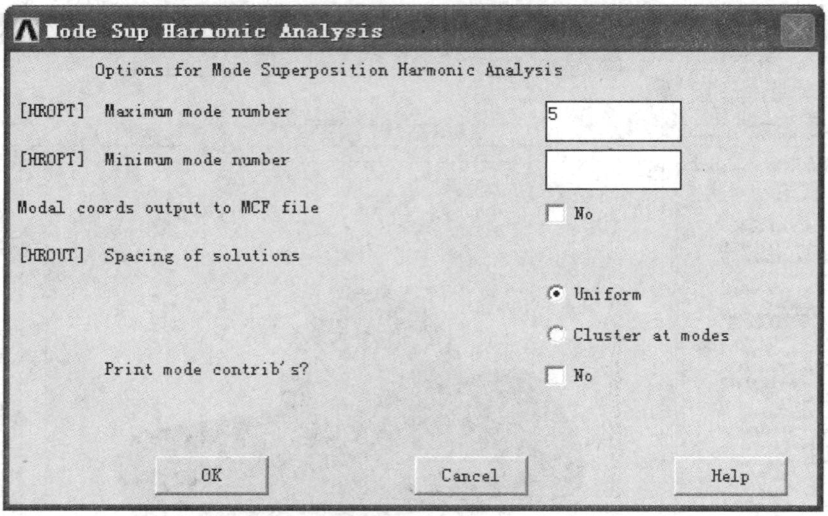

图 2-55　【Mode Sup Harmonic Analysis】对话框

2. 定义载荷

点击菜单栏【Solution】|【Define Loads】|【Apply】|【Structural】|【Force/Moment】|【On Nodes】，弹出如图 2-56 所示对话框，选择【Pick】、【Single】选项，点击模型表面选择载荷 加载的节点，出现对话框如图 2-57 所示，选择载荷方向【Direction of force/mom】为【FZ】，载荷幅值【Real part of force/mom】为 −200。

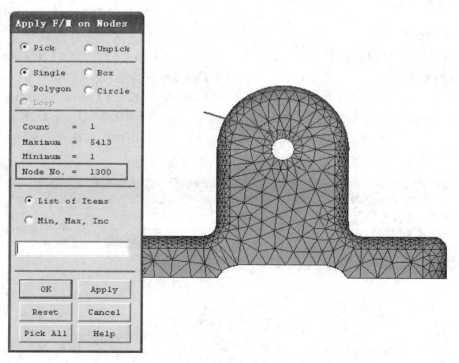

图 2-56　选择节点

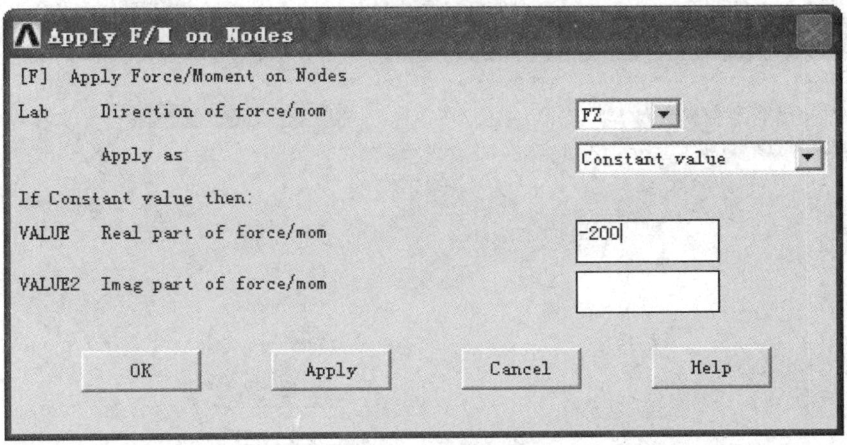

图 2-57　载荷方向与幅值设置

3. 求解

点击菜单栏【Solution】|【Load Step Opts】|【Output Ctrls】|【Solu Printout】，出现【Solution Printout Controls】对话框，在【Item for printout control】中选择【Basic quantities】，在【Print frequency】中选择【None】，如图 2-58 所示，单击【OK】；继续点击【DB/Results Files】，出现如图 2-59 所示对话框，在【Item to be controlled】中选择【All items】，在【File write frequency】中选择【Every substep】，单击【OK】完成设置。点击菜单栏【Solution】|【Load Step Opts】|【Time/Frequenc】|【Freq and Substeps】，出现如图 2-60 所示对话框，设定谐波频率范围【Harmonic freq range】为 1000～10000，设定子步数【Number of substeps】为 60，选择加载方式为【Stepped】。

进行求解计算，点击【Solution】|【Solve】|【Current LS】。

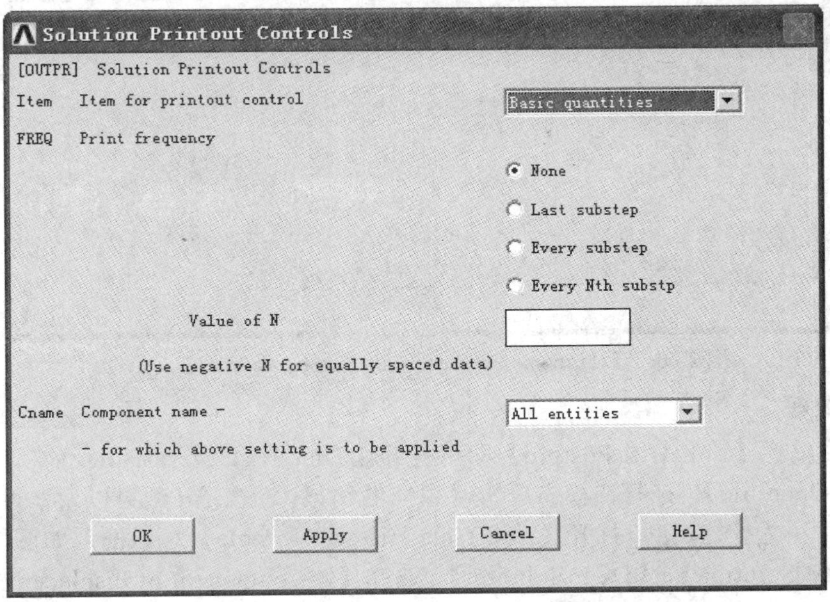

图 2-58　【Solution Printout Controls】对话框

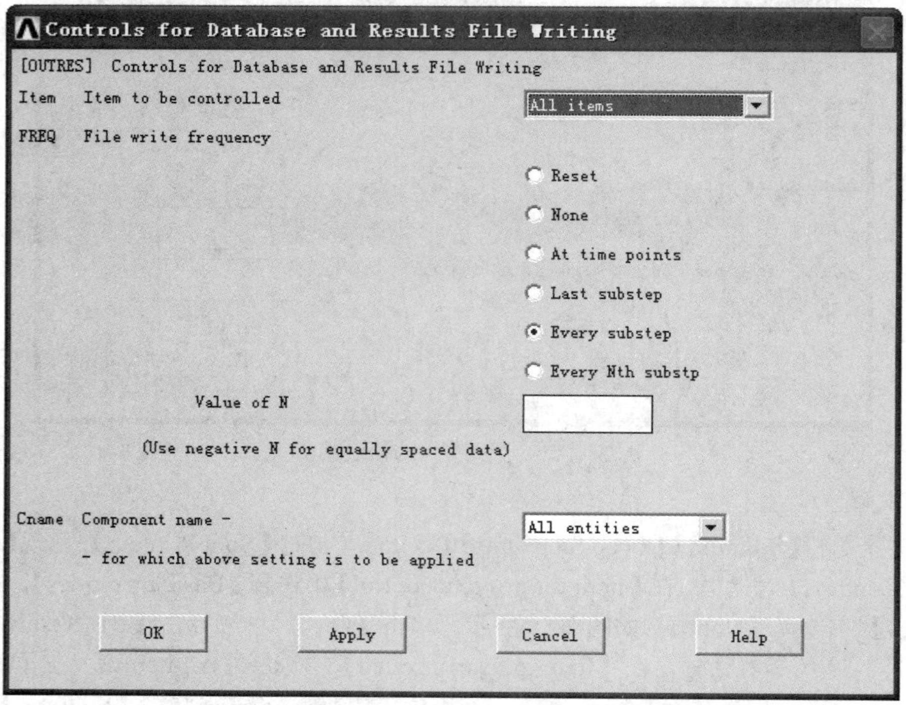

图 2-59 【Controls for Database and Results File Writing】对话框

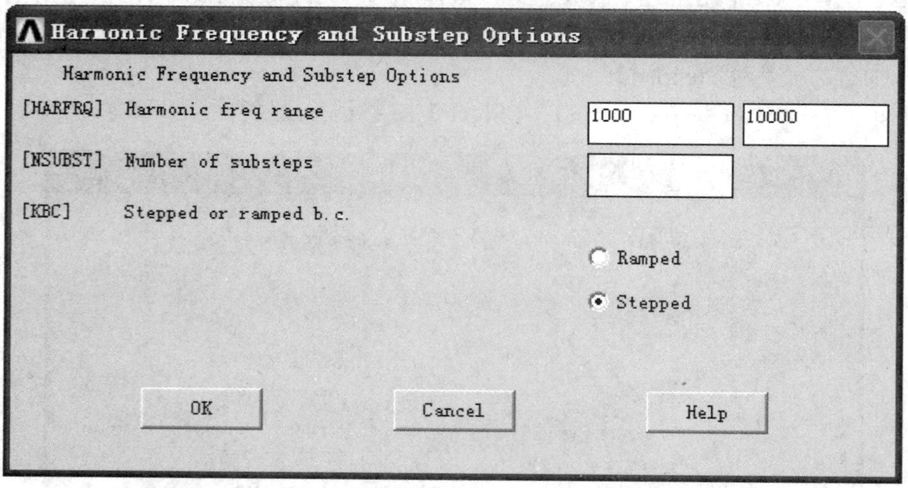

图 2-60 【Harmonic Frequency and Substep Options】对话框

4. 后处理

点击菜单栏【TimeHist Postpro】即可打开【Time History Variables】对话框，选择【File】|【Open file】，打开在模态分析时生产的结果，***.rfrq 结果以及 ***.db 数据文件。单击菜单栏 ✛ 按钮，打开【Add Time-History Variable】对话框，如图 2-61 所示，双击【Nodal Solution】|【DOF Solution】，选择【Z-Component of displacement】，单击【OK】，打开【Node for Data】对话框，输入在约束步骤时选取的点编号 1300，单击【OK】，

然后单击菜单栏 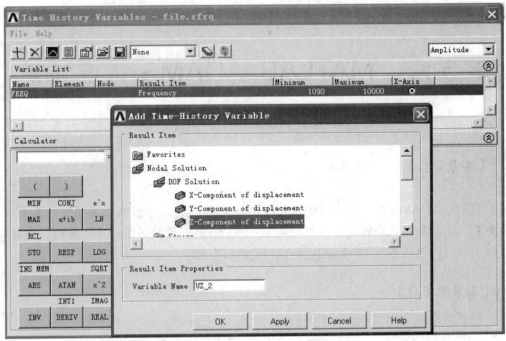 按钮，出现节点位移随频率变化的曲线，如图 2-62 所示。

图 2-61　【Add Time-History Variable】对话框

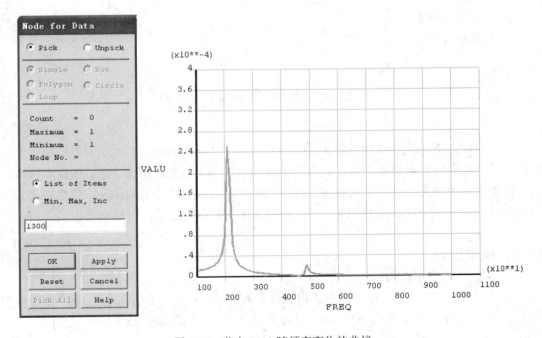

图 2-62　节点 1300 随频率变化的曲线

第 3 章　　MATLAB-ADAMS 机电仿真

【本章导读】

　　本章介绍 ADAMS 机械系统的建立及参数的设置方法,详细说明仿真模型的基本原理、操作要素，在此基础上介绍控制参数的定义及 MATLAB 控制模型的建立过程。通过本章内容的学习，读者应掌握 MATLAB-ADAMS 机电系统联合仿真的操作。

【本章知识点】

> 机械系统模型
> 参数定义
> 控制系统模型
> 结果后处理

3.1　机械系统模型

　　在理想状态下，图 1-15 中的模型由于质量块的重力，使曲柄左右摆动并驱动滑块做往复直线运动，系统无限运动下去。如果在滑块运动方向上添加作用力 $F(t)$，使曲柄快速在某一位置达到角速度为 0 的平衡状态，这种机械系统的控制策略有很多种，使用较为普遍的是 PID 控制，在 ADAMS 中可以结合 MATLAB 控制模型进行机电联合仿真。

3.1.1　模型设置

　　启动 ADAMS/View，打开模型。选择菜单栏【Settings】|【Units】命令，设置模型物理量单位，将单位设置成 MMKS，长度和力的单位设置成毫米和牛顿。选择菜单栏【Forces】，点击➡● 按钮，出现如图 3-1 所示对话框，选择滑块中心作为力作用点，方向水平，单击【OK】。

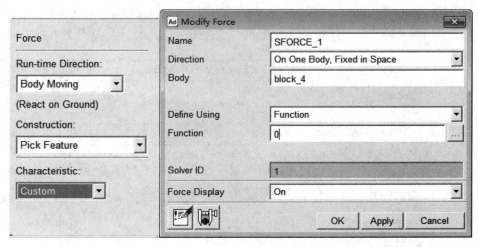

图 3-1　创建载荷

3.1.2　参数定义

1. 创建输入状态变量

单击菜单栏【Elements】|【System Elements】，再点击 ✖ 按钮，弹出创建状态变量对话框，如图 3-2 所示，在【Name】输入框输入.asse.VARIABLE_1(asse 为文件名，VARIABLE_1 为变量名)。单击【OK】按钮，创建状态变量 VARIABLE_1 作为输入变量。

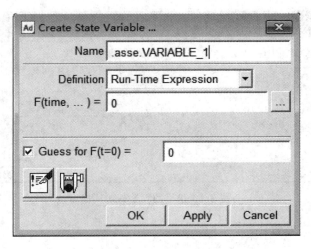

图 3-2　创建输入变量

2. 将状态变量与模型关联

在图形区双击力的图标，打开编辑对话框，如图 3-3 所示，在【Function】输入框中输入 VARVAL(.asse.VARIABLE_1)，这里的 VARVAL( )是一个 ADAMS 函数，它返回变量.asse.VARIABLE_1 的值。通过函数把状态变量 VARIABLE_1 与力关联起来，力的取值将来自于状态变量 VARIABLE_1。

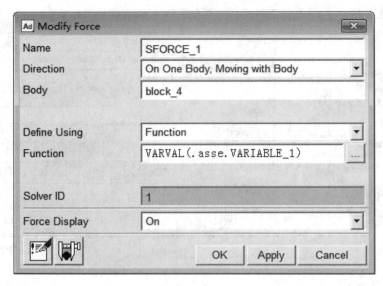

图 3-3　编辑单分量力对话框

3. 指定状态变量 VARIABLE_1 为输入变量

单击菜单栏【Elements】|【Data Elements】，再点击 P 按钮，弹出定义控制输入对话框，如图 3-4 所示。在【Variable Name】输入框中，右键快捷菜单输入状态变量 VARIABLE_1，单击【OK】按钮。

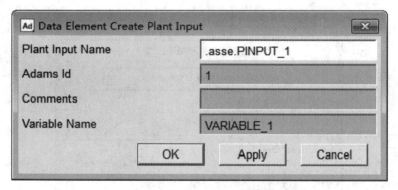

图 3-4　定义控制输入对话框

4. 创建输出状态变量

单击菜单栏【Elements】|【System Elements】，再点击 X 按钮，弹出创建状态变量对话框，如图 3-5 所示，在【Name】输入框输入 .asse.Angle，在【F(time，…) = 】输入框中输入表达式 AZ(MARKER_11，MARKER_19)*180/PI，单击【Apply】按钮，创建状态变量 Angle 作为第 1 个输出变量；然后在【Name】输入框输入 .asse.Velocity，在【F(time，…) = 】输入框中输入表达式 WZ(MARKER_11，MARKER_19)*180/PI，如图 3-6 所示，创建状态变量 Velocity 作为第 2 个输出变量。其中，AZ( )函数返回绕 Z 轴旋转的转角，这里代表连杆相对于转轴的转角；WZ( )函数返回绕 Z 轴旋转的角速度，这里

代表连杆的角速度。

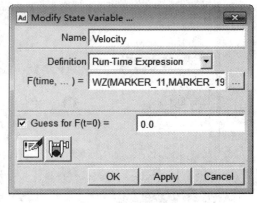

图 3-5　创建输出变量 Angle　　　　　　图 3-6　创建输出变量 Velocity

5. 指定状态变量 Angle、Velocity 为输出变量

单击菜单栏【Elements】|【Data Elements】，再点击 P 按钮，弹出创建控制输出对话框，如图 3-7 所示。在【Variable Name】输入框中，用鼠标右键快捷菜单输入状态变量 Angle 和 Velocity，单击【OK】按钮。

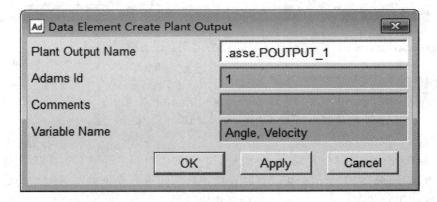

图 3-7　创建控制输出对话框

6. 导出控制参数

如果还没有加载 ADAMS/Controls 模块，单击菜单栏【Tools】|【Plugin Manager】，在弹出的插件管理对话框中选择 ADAMS/Controls 模块，并单击【OK】按钮，ADAMS 出现新的菜单【Controls】。单击【Controls】|【Plant Export】，弹出导出控制参数对话框，如图 3-8 所示。在【File Prefix】输入框中输入 controlsPID，【Initial Static Analysis】选择 No，【From Pinput】输入框中用鼠标右键快捷菜单输入 PINPUT_1，【From Poutput】输入框中用鼠标右键快捷菜单输入 POUTPUT_1，【Target Software】选择 MATLAB，【Analysis Type】选择 non_linear，【Adams Solver Choice】选择 FORTRAN。单击【OK】按钮后，在 ADAMS 的工作目录下将生成 controlsPID.m、controlsPID.cmd、controlsPID.adm 3 个文件。

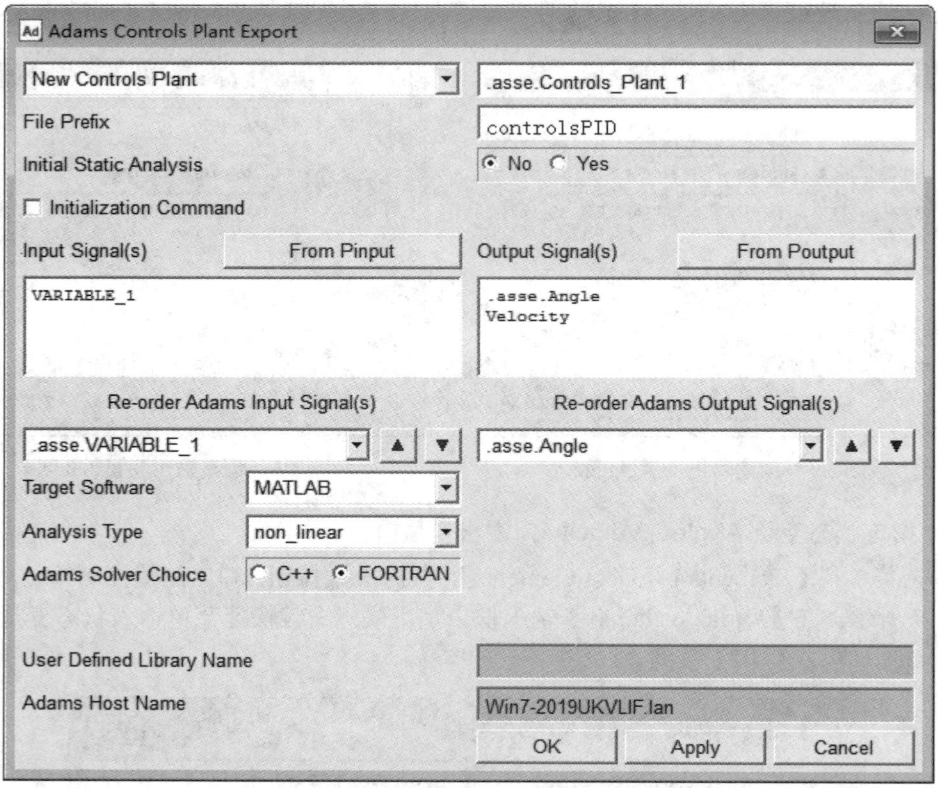

图 3-8　导出控制参数对话框

3.2　建立 MATLAB 控制模型

MATLAB 是由美国 MathWorks 公司发布的主要面对科学计算、可视化以及交互式程序设计的计算环境。它将数值分析、矩阵计算、科学数据可视化以及非线性动态系统的建模和仿真等诸多功能集成在一个易于使用的视窗环境中。Simulink 是 MATLAB 中的一种可视化仿真工具，是一种基于 MATLAB 的框图设计环境，可以实现动态系统建模、仿真和分析的一个软件包，广泛应用于线性系统、非线性系统、数字控制及信号处理的建模和仿真中。

3.2.1　建立控制方案

启动 MATLAB，将 MATLAB 的工作目录指向 ADAMS 的工作目录。在 MATLAB 命令窗口的>>提示符下，输入 controlsPID，也就是 controlsPID.m 的文件名，然后在>>提示符下输入命令 adams_sys，该命令是 ADAMS 与 MATLAB 的接口命令。在输入 adams_sys 命令后，弹出一个新的窗口，如图 3-9 所示，该窗口是 MATLAB/Simulink 的选择窗口，其中 S-Function 方框表示 ADAMS 模型的非线性模型，即进行动力学计算的模型，State-Space 表示 ADAMS 模型的线性化模型，adams_sub 是构建的机械系统模型，包含非线性方程与变量。

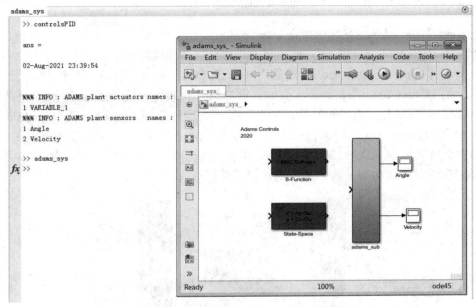

图 3-9　ADAMS 的 Simulink 系统

在 MATLAB/Simulink 选择窗口中，单击菜单【File】|【New】|【Model】后，弹出一个新的窗口，单击工具栏中的保存按钮，将新窗口存盘为 control_model.mdl(不能与.m 文件同名)，将 adams_sub 方框拖拽到 control_model.mdl 窗口中，如图 3-10 所示，完成控制系统的搭建。

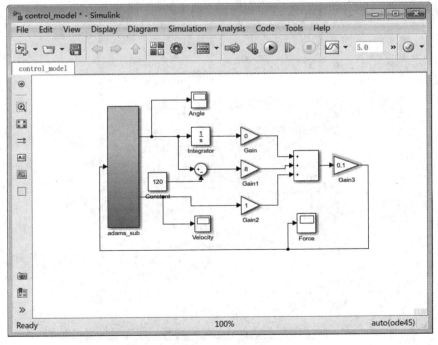

图 3-10　控制方案

3.2.2　设置 MATLAB 与 ADAMS 数据交换

在 control_model.mdl 窗口中双击 adams_sub 方框,在弹出的 adams_sub 框图窗口(如图 3-11 所示)中双击 MSC Software 方框,弹出数据交换参数设置对话框,如图 3-12 所示。在对话框中将【Interprocess option】设置为 PIPE(DDE),如果不是在一台计算机上,选择 TCP/IP,在【Communication interval】输入框中输入 0.005,表示每隔 0.005 s 在 MATLAB 和 ADAMS 之间进行一次数据交换,若仿真过慢,可以适当改大该参数,将【Simulation mode】设置为 continuous,【Animation mode】设置成 interactive,表示交互式计算,在计算过程中会自动启动 ADAMS/View,以便观察仿真动画,如果设置成 batch,则用批处理的形式,看不到仿真动画,其他使用默认设置即可。

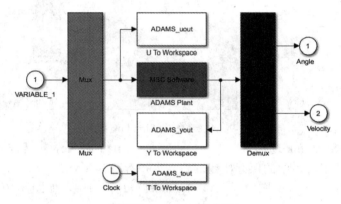

图 3-11　adams_sub 框图

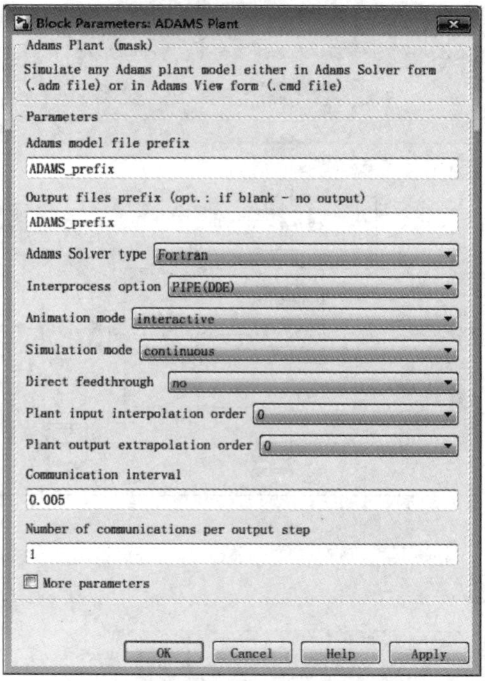

图 3-12　数据交换参数设置对话框

3.3　仿真运算及结果

单击窗口中菜单栏【Simulation】|【Model Configuration Parameters】，弹出仿真设置对话框(如图 3-13 所示)，在 Solver 页中将【Start time】设置为 0，【Stop time】设置为 5，【Type】设置为 Variable-step，其他使用默认选项，单击【OK】按钮。点击 ▶ 进行仿真，ADAMS 会被自动打开，可以看到仿真效果。

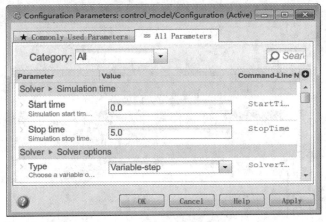

图 3-13　仿真设置对话框

在 MATLAB 示波器中，可以得到角度、角速度和作用力的变化曲线，分别如图 3-14～图 3-16 所示。此模型初始受质量块重力作用，产生转动，通过控制力的大小，最终角速度为零，模型在转角 120° 时平衡，如图 3-17 所示。如果考虑零件间的摩擦力，可以实现更精确的仿真。

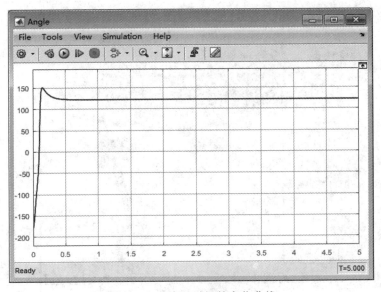

图 3-14　角度随时间的变化曲线

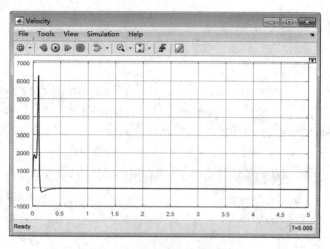

图 3-15　角速度随时间的变化曲线

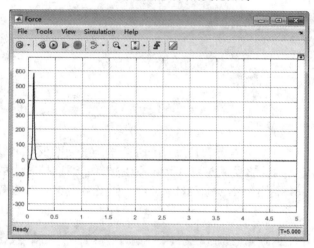

图 3-16　作用力随时间的变化曲线

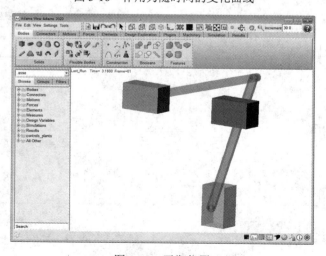

图 3-17　平衡位置

第 4 章　机电液联合仿真

【本章导读】

　　本章主要介绍 EASY5 与 ADAMS 进行机电液联合仿真的过程，包括液压模型设计库调用、元件配置、ADAMS 模型设置与导出、联合仿真配置及结果图表查看等。通过正确使用联合仿真技术，读者可以精确观察机电液系统运行的参数状态，提高设计的效率，并实现设计的规范化和标准化。通过本章内容的学习，读者应掌握机电液联合仿真的具体操作方法。

【本章知识点】

➤ EASY5 液压模型工具
➤ 液压元件参数设置
➤ ADAMS 模型设置与导出
➤ 联合仿真参数配置与运行
➤ 结果查看

4.1　EASY5 液压系统模型

　　EASY5 是 MSC 公司开发的一套面向控制系统和多学科动态系统的仿真软件，该软件可以提供准确、可靠的多领域建模和动态物理系统模拟，能够准确模拟液压、气动、气流、热、电、机械、制冷、环境控制、润滑或燃料系统，以及采样数据/离散时间行为，可以大大降低产品的成本，加快产品开发进程。

4.1.1　液压回路元件

　　打开 EASY5 软件，点击视图区左侧元件库【Library】选择【hc-Thermal Hydraulic】，在【Groups within hc library】选项中选择【Miscellaneous】，分别点击 FI、Global Fluid Properties 图标，拖入视图，如图 4-1 所示。在【Groups within hc library】选项中选择【Boundary Conditions】，插入油箱 TN 图标；继续插入回转缸 RA、电磁阀 VI、多路接头 CH 等元件，如图 4-2 所示。为简化模型，卸载阀、单向阀、蓄能器等安全回路元件暂不引入。

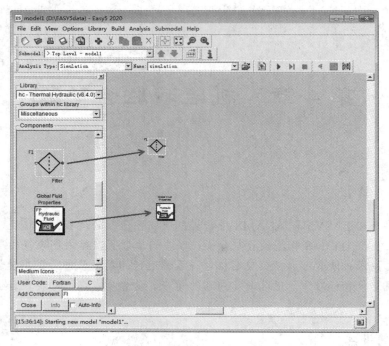

图 4-1　插入过滤器等元件

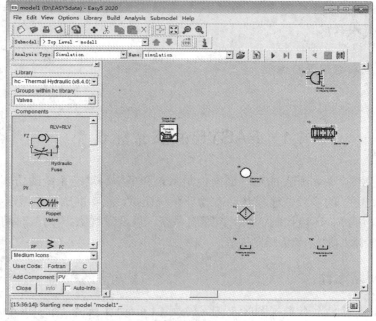

图 4-2　回路元件

　　双击 Global Fluid Properties 图标，弹出参数设定表，选择液压油为 4 号、油温 30℃、黏度为 1，如图 4-3 所示；设定油箱 TN 类型为 Source、温度 30℃、压力 1.1 bar；设定过滤器 FI 额定流量 500 L、压损 1 bar、温度 30℃、油容量 100 mL；电磁阀 VI 参数设定如图 4-4 所示；设定回转缸 RA【Mass dynamics】为【Input position，velocity】，参数如图 4-5 所示。

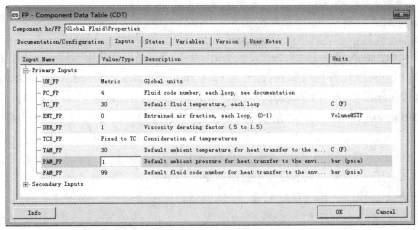

图 4-3 液压系统参数设定表

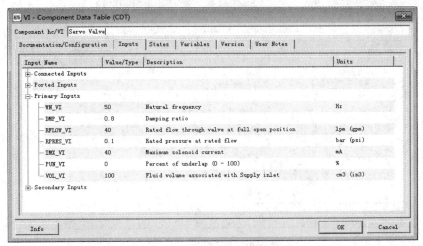

图 4-4 电磁阀 VI 参数设定表

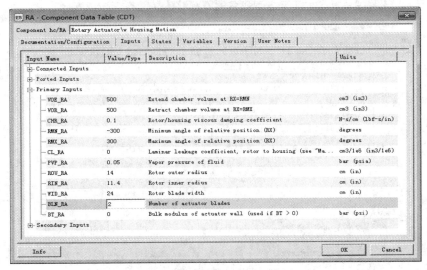

图 4-5 回转缸 RA 参数设定表

4.1.2 信号控制元件

电磁阀 VI 由输入信号控制，相关元件由信号发生器、PID 控制器、信号限幅器等组成。点击视图区左侧元件库【Library】选择【gp-General Purpose】，在【Controllers】选项中选择【General Controller Prop.，Int，Dfb】，在【Function Generators】选项中选择【Analytic Function Generator】，在【Nonlinear Effects】选项中选择【Saturation Function】，插入模型。

双击 Saturation Function 图标，弹出参数设定表，设定【C3_SA】为 40、【C6_SA】为 −40，如图 4-6 所示；双击 Analytic Function Generator 图标，弹出参数设定表，设定信号为幅值 180 的正弦信号，设定【C2_AF】为 180、【C3_AF】为 5，如图 4-7 所示。

点击需要连接的元件端口，系统自动连线。

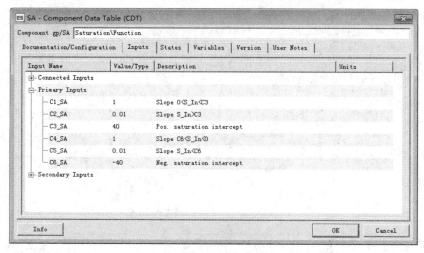

图 4-6 信号限幅器设置

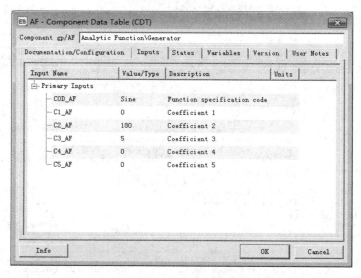

图 4-7 信号发生器设置

4.2 机械系统建模

4.2.1 参数定义

1. ADAMS 模型

打开 ADAMS 模型，如图 4-8 所示。首先设定工作目录与 EASY5 一致，选择单位为 MKS。对机械臂底座施加转矩，点击菜单栏【Forces】，点击 ⟳ 按钮，出现如图 4-9 所示对话框，选择 block_1 中心作为转矩作用点，方向为 Z 向，单击【OK】按钮完成设置。

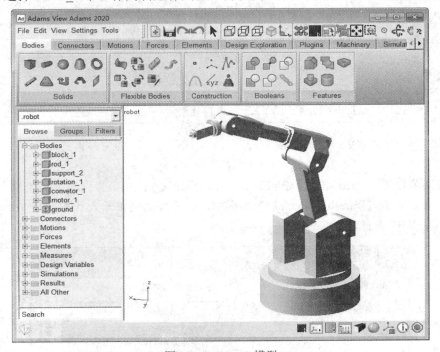

图 4-8 ADAMS 模型

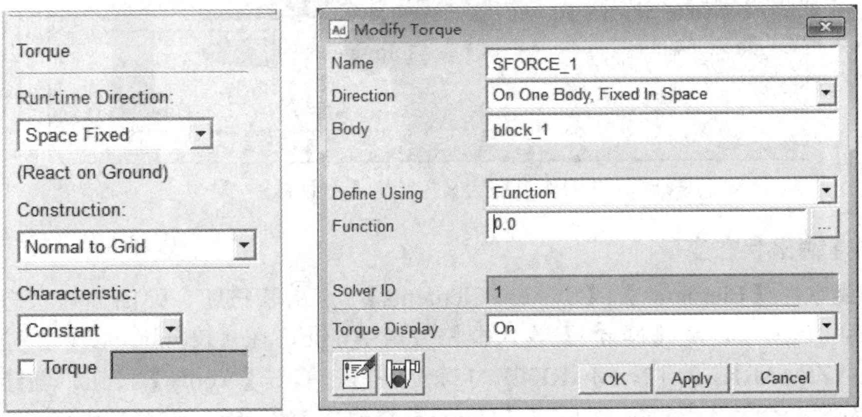

图 4-9 施加转矩

2. 创建输入状态变量

单击菜单栏【Elements】|【System Elements】，点击 ✖ 按钮，弹出创建状态变量对话框，如图 4-10(a)所示，将【Name】输入框改成 Torque，单击【OK】按钮，创建状态变量 Torque 作为输入变量。右键左侧目录树【Forces】|【SFORCE_1】，打开【Modify Torque】对话框，在【Function】输入框中输入 VARVAL(.robot.Torque)，如图 4-10(b)所示。

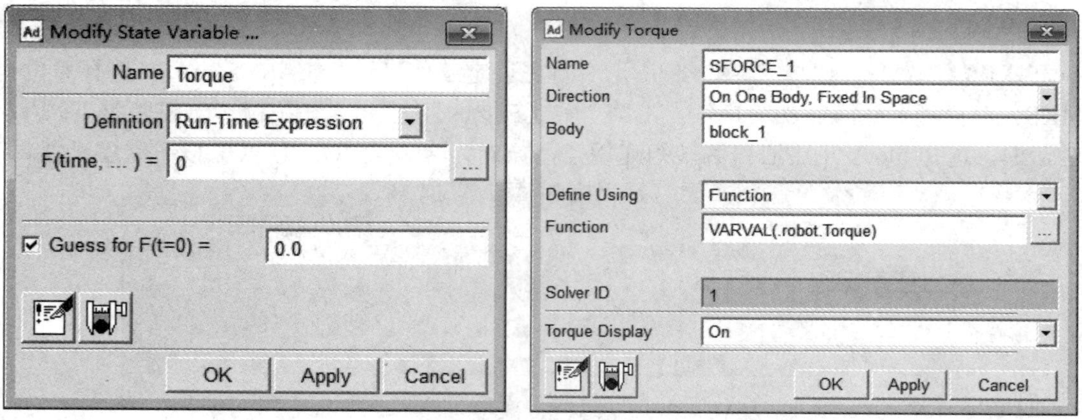

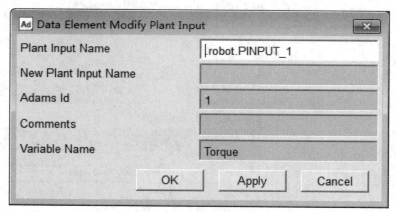

(a)　　　　　　　　　　　　　　　　　　(b)

图 4-10　创建输入变量

单击菜单栏【Elements】|【Data Elements】，点击 P 按钮，弹出定义控制输入对话框，如图 4-11 所示，在【Variable Name】输入框中，右键快捷菜单输入状态变量 Torque，单击【OK】按钮完成设置。

图 4-11　定义控制输入对话框

3. 创建输出状态变量

单击菜单栏【Elements】|【System Elements】，点击 ✖ 按钮，弹出创建状态变量对话框。如图 4-12 所示，将【Name】输入框修改成 Angle，在【F(time，…)=】输入框中输入表达式 AZ(MARKER_12，MARKER_13)*180/PI，单击【Apply】按钮，创建状态变量 Angle 作为第 1 个输出变量；然后将【Name】修改成 Velocity，在【F(time，…)=】输入

框中输入表达式 WZ(MARKER_12，MARKER_13)*180/PI，如图 4-13 所示，创建状态变量 Velocity 作为第 2 个输出变量。

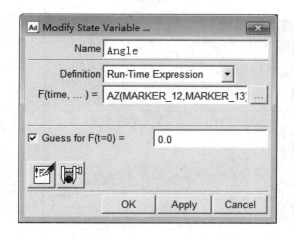
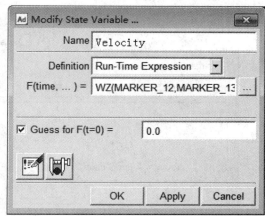

图 4-12　创建输出变量 Angle　　　　　　图 4-13　创建输出变量 Velocity

单击菜单栏【Elements】|【Data Elements】，点击 $\mathbf{P}$ 按钮，弹出定义控制输出对话框，如图 4-14 所示，在【Variable Name】输入框中，用鼠标右键快捷菜单输入状态变量 Angle 和 Velocity，单击【OK】按钮。

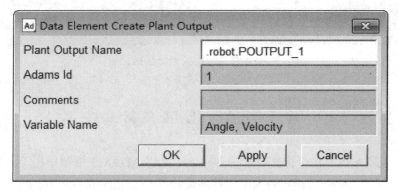

图 4-14　定义控制输出对话框

上述参数设置完成后，在 block_1 上添加速度为 30 度/秒的 Z 向转动，进行模拟校核模型的运动情况。

4.2.2　导出模型

单击菜单栏【Tools】|【Controls】|【Plant Export】，弹出导出模型对话框，如图 4-15 所示。【File Prefix】输入框选择默认，【Initial Static Analysis】选择 NO，在【From Pinput】输入框中用鼠标右键快捷菜单输入 PINPUT_1，在【From Poutput】输入框中用鼠标右键快捷菜单输入 POUTPUT_1，【Target Software】选择 Easy5，【Analysis Type】选择 non_linear，【Adams Solver Choice】默认为 C++。单击【OK】按钮，工作目录下生成对应文件。

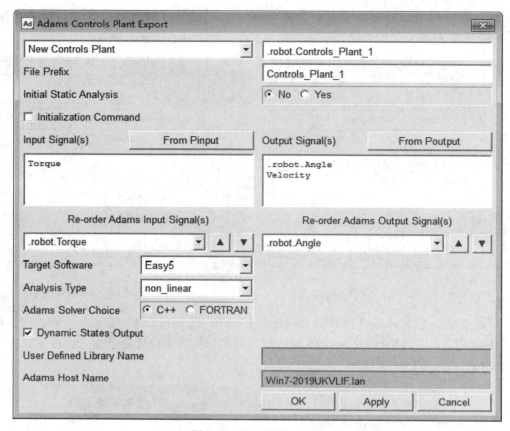

图 4-15　导出模型对话框

4.3　EASY5 联合仿真

ADAMS 与 EASY5 联合仿真有多种方法，本文将 ADAMS 模型导出至 EASY5 中，配置模型文件的状态参数，在 EASY5 中运算并交换数据，实现联合仿真。

4.3.1　ADAMS 模型配置

打开 EASY5 软件，点击视图区左侧元件库【Library】选择【Extensions】，选择【Adams Mechanism】，插入模型，如图 4-16 所示。双击 Adams Mechanism 图标，出现【AD-Component Data Table(CDT)】对话框如图 4-17 所示，设定【ADAMS_Animation_Mode】为 0，即在仿真中不显示 ADAMS 模型（如果设为 1，可以显示 ADAMS 模型），设定【ADAMS_Output_Interval】为 0.001，【Communication_Interval】为 0.001。点击【Select/Configure Adams Model】，系统弹出【Configure Adams Block】对话框如图 4-18 所示，选择【Co-Simulation】选项。

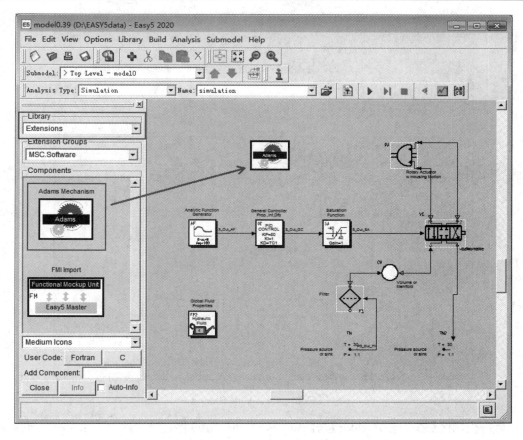

图 4-16　插入 Adams Mechanism 模型

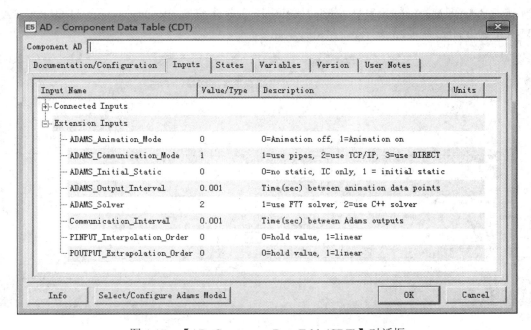

图 4-17　【AD-Component Data Table(CDT)】对话框

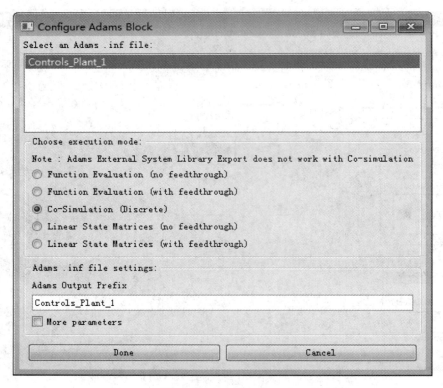

图 4-18　【Configure Adams Block】对话框

　　点击视图区【Rotary Actuator】与【Adams Mechanism】将二者连线，将【Rotary Actuator】中转矩参数连接到【Adams Mechanism】的 Torque 参数，如图 4-19 所示。将二者反向连接，将【Adams Mechanism】中 Angle、Velocity 参数连接到【Rotary Actuator】的 RX_RA、RV_RA 参数，如图 4-20 所示。

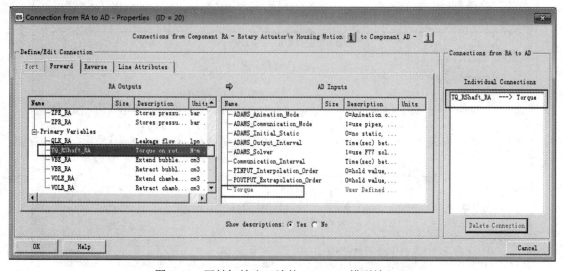

图 4-19　回转缸输出口连接 ADAMS 模型输入口

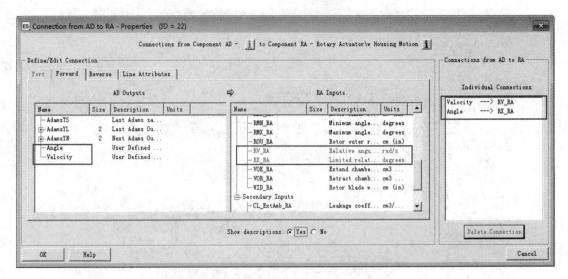

图 4-20　ADAMS 模型输出口连接回转缸输入口

点击【Adams Mechanism】与 PID 控制器，将【Adams Mechanism】中 Angle 参数连接到 PID 控制器的 S_Feedback_GC 端，如图 4-21 所示。

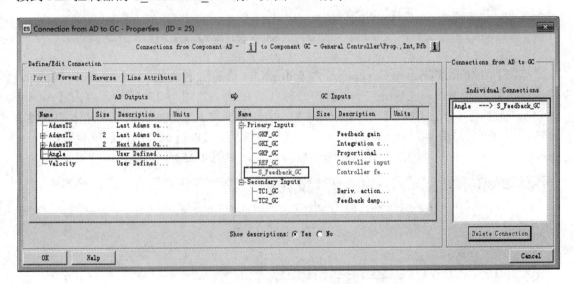

图 4-21　ADAMS 模型输出口连接 PID 控制器输入口

4.3.2　仿真运算

1. 加入观察元件

点击视图区左侧元件库【Library】选择【is-Interactive Simulation】，【Groups within is library】选择【Interactive Components】，弹出库元件列表，选择【Strip Chart】，插入模型文件，如图 4-22 所示。

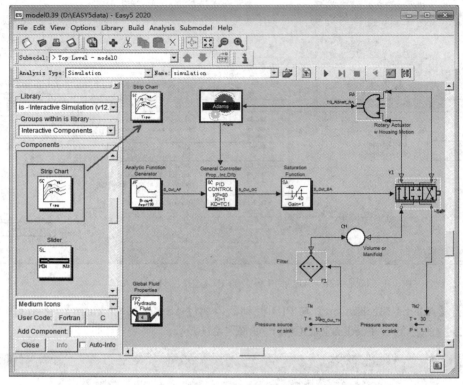

图 4-22　加入带状图

点击【Analytic Function Generator】与【Strip Chart】将二者连线，将【Analytic Function Generator】的输出口与【Strip Chart】1 号输入口相连，如图 4-23 所示。点击【Adams Mechanism】与【Strip Chart】，将【Adams Mechanism】的 Angle 输出口与【Strip Chart】2 号输入口相连，如图 4-24 所示。所有元器件连接完成后，可以点击菜单栏【Build】|【Create Executable】，在视图区底部消息栏将出现校核信息，如图 4-25 所示。

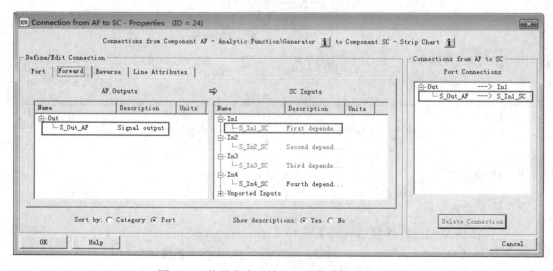

图 4-23　信号发生器输出口连接带状图输入口

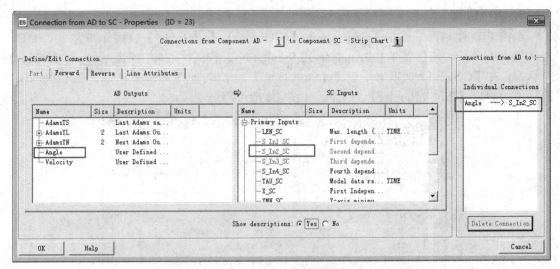

图 4-24　ADAMS 模型 Angle 输出口连接带状图输入口

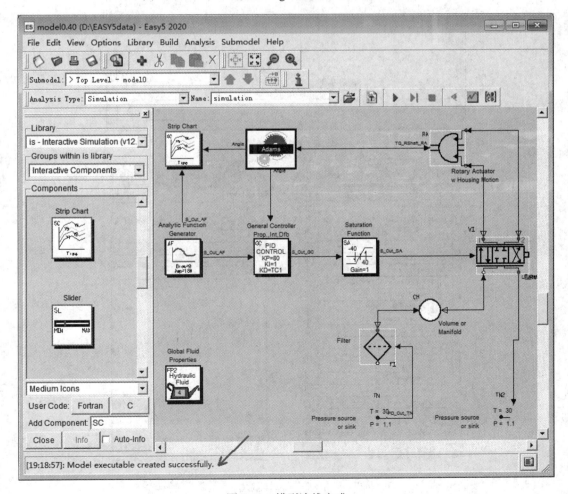

图 4-25　模型连线完成

2. 运行仿真

点击 PID 控制器，设定【GKP_GC】、【GKF_GC】、【GKI_GC】参数分别为 80、0.02、1，如图 4-26 所示。选择菜单栏【Analysis】|【Simulation】，视图区右侧出现【Analysis Settings】对话框，在【General】选项卡中设定【Stop Time】为 1.0，如图 4-27(a)所示，在【Plotting】选项卡中设定【Plot Variables】为 All，如图 4-27(b)所示。

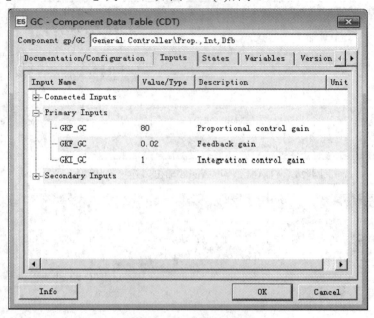

图 4-26　PID 控制器参数

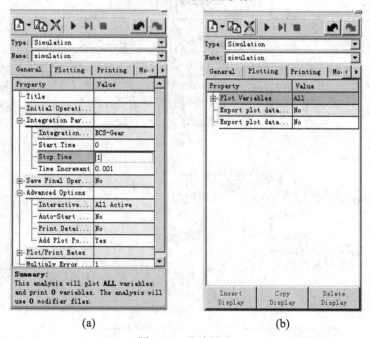

(a)　　　　　　　　　　(b)

图 4-27　仿真设定

4.3.3　结果查看

　　点击菜单栏【Analysis】|【Open Plotter】，弹出结果显示图表对话框，点击右边【Displays】列表框中的参数，显示各参数变化曲线，还可以查看液压元件的状态变化情况及进出口流量等。图 4-28 为模型转动角度 Angle 变化曲线，图 4-29 为回转缸输出转矩曲线，图 4-30 为电磁阀节流孔面积变化曲线，图 4-31 为电磁阀出口 2 流速变化。

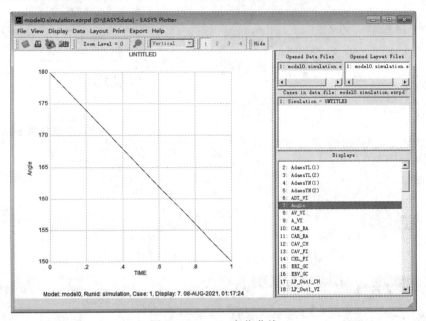

图 4-28　Angle 变化曲线

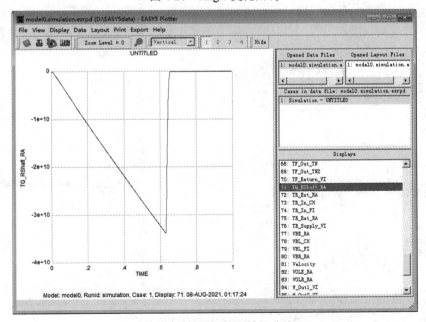

图 4-29　回转缸输出转矩曲线

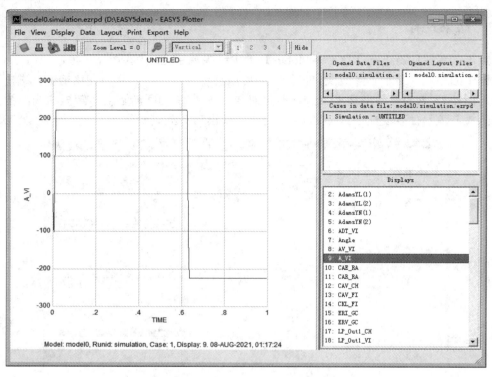

图 4-30　电磁阀节流孔面积变化曲线

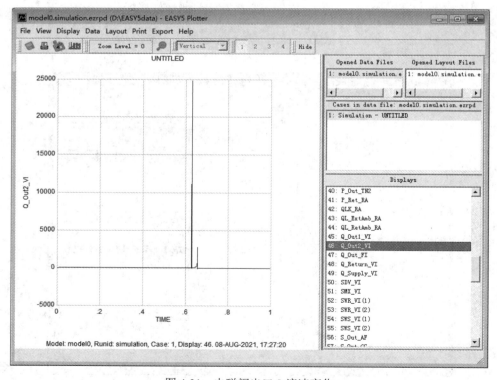

图 4-31　电磁阀出口 2 流速变化

第 5 章　LabVIEW-SolidWorks 半实物仿真

【本章导读】

　　本章主要介绍通过 SolidWorks 软件建立的 CAD 模型与 LabVIEW 软件(实现控制设计)搭建一个实现机电概念设计的虚拟仿真平台。通过本章内容的学习，读者应掌握利用 LabVIEW /SoftMotion 模块作为接口，控制 SolidWorks 模型的动作、仿真机器的运动状态，建立联合仿真的方法，实现对设备运动轨迹的规划和仿真。

【本章知识点】

➤ 建立 SolidWorks 装配模型
➤ 建立 LabVIEW 控制框图
➤ 设定运行参数
➤ 运动仿真

5.1　概　　述

　　LabVIEW-SolidWorks 半实物仿真是通过 LabVIEW 的 NI SoftMotion for SolidWorks 模块使机械、电气和控制工程师合作创造一个运动控制系统的虚拟原型，它融合了机械仿真、运动控制软件和传感器反馈，只要有 CAD 模型，就可以实现机电概念设计的模拟仿真和研究。具体可以实现如下功能：

(1) 可视化仿真机器操作。

(2) 验证并重复演示设计中的机械、控制和电气部分。

(3) 核查碰撞或其他程序(如 PLC 程序、单片机程序)错误。

(4) 选择和定制电机和机械传动零件。

5.2　基 本 工 具

5.2.1　LabVIEW 简介

　　LabVIEW(Laboratory Virtual Instrument Engineering Workbench)是由美国国家仪器有限公司(NI)研制开发的，LabVIEW 是一款拥有图形化的编程语言和开发环境的通用编程系统，并且拥有一个可以完成任何编程任务的庞大函数库。LabVIEW 的函数库包括数据采集、GPIB、串口控制、数据分析、数据显示及数据存储等。随着新技术的发展，LabVIEW 的相关模块正越来越多地集成到产品设计、测量、测试和控制等众多领域。

5.2.2　技术路线

将图形化编程软件 LabVIEW 作为上位机，结合 SolidWorks 机械建模、运动控制模块以及 LabVIEW 的工具包搭建可视化程度高、模型显示及运动效果逼真的机电概念设计平台。通过 SolidWorks 建立 CAD 模型，LabVIEW 对模型进行运动控制设计，利用 SoftMotion 模块作为接口，来实现对驱动器、运动控制器和 IO 接口等预设的功能，对 SolidWorks 装配体进行功能性的映射，从而实现对设备运动轨迹的规划和仿真。

工业环境下普遍应用的微处理器有可编程逻辑控制器(简称 PLC)、单片机、工控机等多种形式，其中 PLC、单片机最为常见。LabVIEW 可以通过相关协议与单片机、PLC 编程软件之间建立通信，进而搭建起虚拟仿真设计环境。LabVIEW 与 PLC 之间有多种通信方式，常用的有串口通信及 OPC(Object Linking and Embedding(OLE)for Process Control)、TCP 通信等。另外，LabVIEW 与常用的单片机开发软件 Proteus 之间也可以很方便地实现通信。

5.3　LabVIEW-SolidWorks 仿真

利用 LabVIEW 软件 SoftMotion 模块对 SolidWorks 模型进行运动控制，可以实现对设备运动轨迹的规划和仿真，验证并重复演示设计中机械、控制和电气各部分的功能配合。

5.3.1　建立 SolidWorks 模型

如图 5-1 所示，建立滑块机构模型。模型由两个零件组成，分别为方形滑块及带有导轨的底座。新建运动算例，在滑块上施加一线性马达，参数如图 5-1 所示。设定运动模式为【Motion 分析】，在 SolidWorks 中可以进行初步的模拟，以确保运动形式正确。

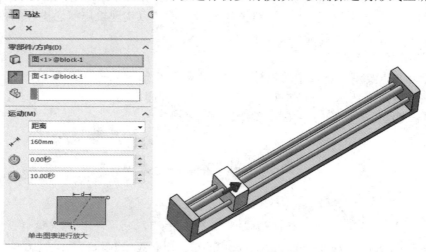

图 5-1　建立 SolidWorks 模型

5.3.2　建立 LabVIEW 项目

LabVIEW/NI SoftMotion 模块，可以将 SolidWorks 装配体的电机一一映射到 LabVIEW 中，形成虚拟的运动轴，然后通过 NI SoftMotion 的运动函数控制虚拟轴的运动，实现 SolidWorks 装配体中电机的运动。

新建一个 LabVIEW 项目，在这个工程里添加上节建立好的 SolidWorks 三维模型。如图 5-2 所示，右键项目中【我的电脑】|【新建】|【SoftMotion Axis...】，新建虚拟轴 Axis 1 与 SolidWorks 模型中的线性电机对应，利用 LabVIEW 中的虚拟轴和运动资源就可以控制 SolidWorks 三维模型的运动仿真。

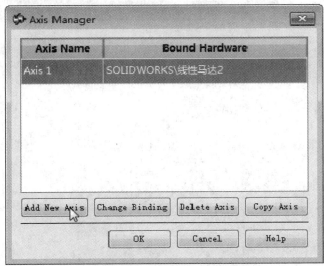

图 5-2　新建虚拟轴

右键项目中【我的电脑】|【新建】|【VI】，新建一个 VI，保存 VI 文件及项目，项目

界面如图 5-3 所示。

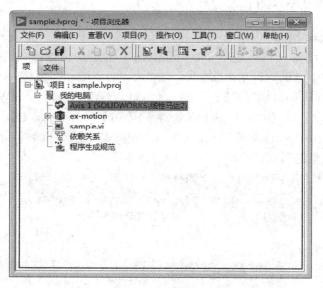

图 5-3　项目界面

下面可以在 VI 文件里进行具体的编程。

打开函数面板，在【视觉与运动】|【SoftMotion】|【Express】栏目下，选择【Line】图标(Straight-Line Move 函数)拖入程序框图面板，如图 5-4 所示。在【视觉与运动】|【SoftMotion】栏目下，选择【Axis】拖入程序框图面板，设定其 I/O 为【Axis 1】，并作为 Straight-Line Move 函数的执行控制端。拖入三个输入数值输入控件与 Straight-Line Move 函数模块的【POS】、【VEL】、【ACEL】连接输入位置、速度、加速度参数。将整个程序设为循环状态，单个循环时间为 20 ms。拖入布尔型开关按钮与停止按钮分别控制系统启动与停止。设置完成后，程序框图面板与前面板分别如图 5-5 和图 5-6 所示。

图 5-4　Straight-Line Move 函数

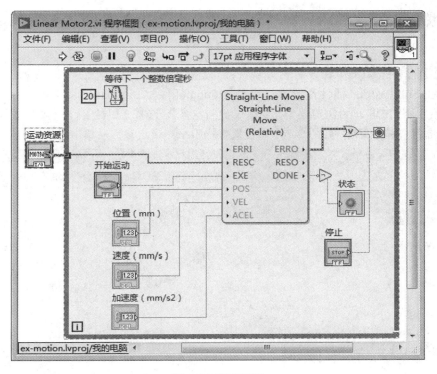

图 5-5　程序框图

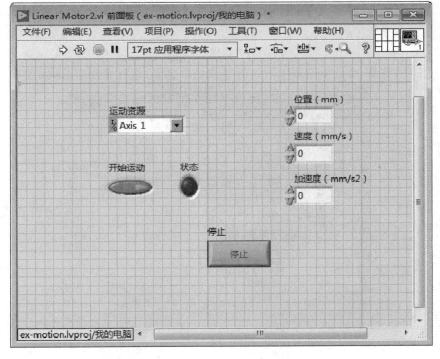

图 5-6　前面板

5.3.3 联合仿真

1. 基本设置

系统运行前按如下步骤设置相关软件：

(1) 在 SolidWorks 插件设置中，启动 Motion 插件与 Simulation 插件。

(2) 在 LabVIEW 项目浏览器中，右键【我的电脑】，选择【属性】。在【我的电脑属性】对话框中选择【扫描引擎】，如图 5-7 所示设置扫描引擎，设定参数后单击【确定】按钮，退出。

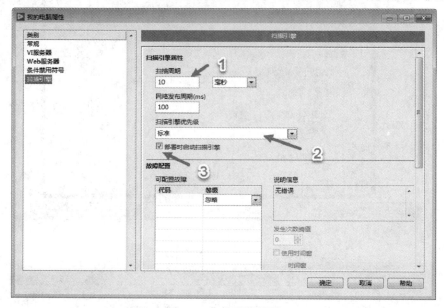

图 5-7 扫描引擎设置

(3) 在 LabVIEW 项目浏览器中，右键【我的电脑】，选择【部署】，如图 5-8 所示。

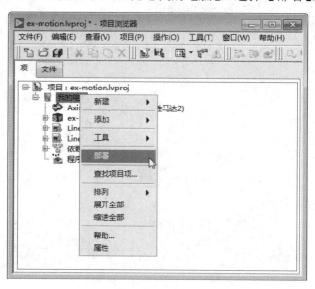

图 5-8 部署项目

(4) 如图 5-9 所示右键 SolidWorks 图标，选择【Start Simulation】，模型进入模拟状态。

图 5-9　模型进入模拟状态

(5) 右键点击 VI 文件图标，选择【运行】按钮 ，程序开始启动。

2. 运动仿真

如图 5-10 所示设置运动参数(位置、速度、加速度)运行，滑块可以正方向运行或者负方向运行(通过设置位置正负确定运动方向)，在 SolidWorks 中选择【Motion 分析】，如图 5-11 所示。

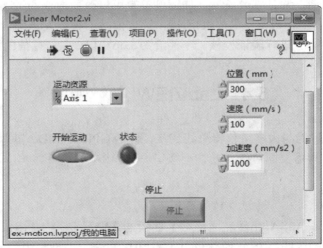

图 5-10　设置运动参数

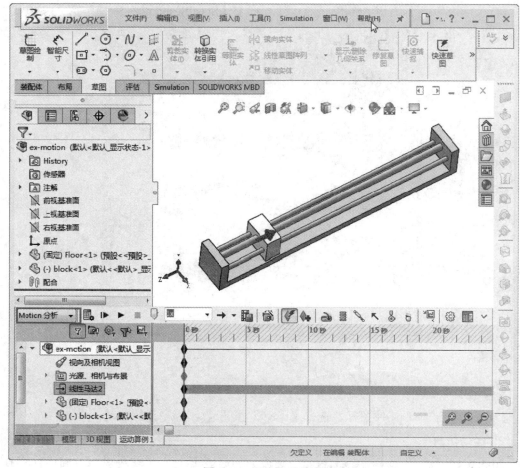

图 5-11　滑块运动仿真

当滑块运动到设定位置时将停止运动，可以改变位置参数的正负，点击【开始运动】按钮，可以反向运动。通过修改速度、加速度参数可以改变滑块的运动特性。如果将输入的参数与前端处理器(如 PLC、单片机)连接，读取前端的参数发送到输入端可以实现联合仿真，对控制器的程序进行验证校核。下面介绍 LabVIEW 串口通信的过程。

5.4　LabVIEW 串口通信

通过 VISA 用户能与大多数仪器总线连接，包括 GPIB、USB、串口等，无论底层是何种硬件接口，用户只需要面对统一的编程接口——VISA。

5.4.1　主要控件

如图 5-12 所示，VISA 函数在【函数】面板的【仪器 I/O】|【串口】子面板中，通过【串口】子面板中的这些 VISA 函数可以与 GPIB、USB、串口等中的任何一种总线通信。用 LabVIEW 来写串口驱动控制仪器，只需要表 5-1 中的几个控件即可。

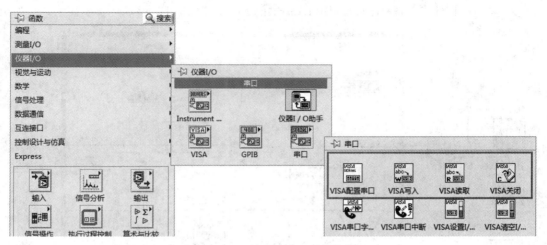

图 5-12 LabVIEW 串口通信控件

表 5-1 串口通信控件说明

图标	控件名称	说　　　明
VISA SERIAL	VISA 配置串口控件	波特率、校验位、停止位等，选择 COM1，波特率 9600，其他全部默认
VISA abc R	VISA 读取控件	读取串口的数据，这里只需要考虑输入输出即可，输入为串口资源，输出为字符串
Instr Bytes at Port	读取读入数据大小控件	读取的数据以字符串形式储存起来，在使用时，需要将每个数字从字符串里找出来转换为数字格式，进行计算和显示，并输入到读取控件中
VISA abc W	VISA 写入控件	向串口写数据，与读取控件类似

5.4.2 LabVIEW 程序

LabVIEW 与前端(单片机/PLC……)通信的程序可以分为以下几步：

(1) 初始化串口，默认波特率为 9600，与前端(单片机/PLC……)一致；

(2) 向串口发送字符"0"和"1"作为请求字符，前端收到字符后返回对应的参数；

(3) 读取返回的数据；

(4) 将数据送到 Straight-Line Move 函数输入端，并用字符显示控件显示；

(5) 退出循环后关闭串口。

串口通信程序框图和前面板如图 5-13 所示。

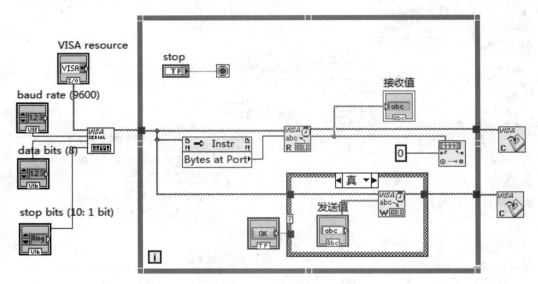

(a) 程序框图

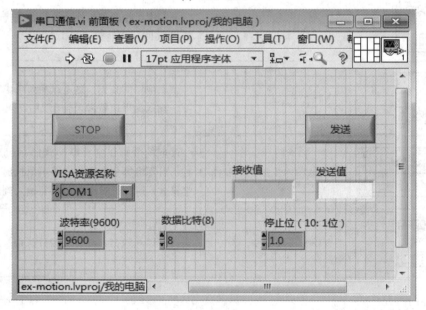

(b) 前面板

图 5-13　LabVIEW 串口通信

　　将串口通信程序与上节的仿真程序连接，当 LabVIEW 发送"0"时，点击前面板中【execute】按钮，滑块运动位置为 300；当 LabVIEW 发送"1"时，点击前面板中【execute】按钮，滑块运动位置为 -50。总的程序框图和前面板参考图 5-14 所示，联合仿真占用系统资源较大，运动的实时性经常受到电脑配置的限制，读者可根据情况调整相关参数运行。

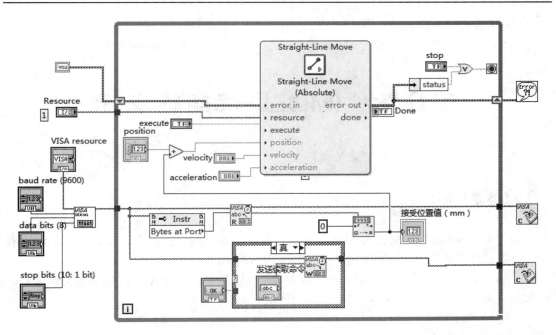

(a) 程序框图

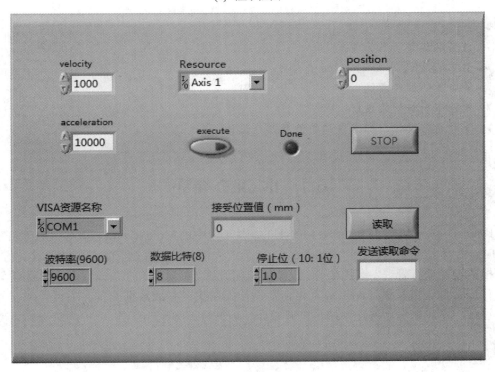

(b) 前面板

图 5-14　带串口通信的联合仿真

第 6 章　　IMOLD 注塑模设计

【本章导读】

　　本章介绍如何利用 IMOLD 设计注塑模，主要内容包括数据准备、项目管理、模腔布局、模架设计、型芯/型腔设计、滑块及侧抽芯设计、冷却通路设计、标准件库组件及顶杆设计。通过本章内容的学习，读者应掌握 IMOLD 注塑模设计的方法，能够完成模具设计的各组成部分的功能设计任务。

【本章知识点】

 ➢ IMOLD 工具栏
 ➢ 数据准备与项目管理
 ➢ 型芯/型腔设计
 ➢ 滑块及侧抽芯设计
 ➢ 模腔布局与模架设计
 ➢ 冷却通路设计、标准件库组件及顶杆设计

6.1　IMOLD 简介

　　IMOLD 是一款由 Manusoft 公司推出的利用 UG 中的 MoldWizard 模具设计技术开发的 SolidWorks 模具设计插件，可与 SolidWorks 无缝内嵌。该插件拥有完整的模具设计方案，包括模具设计项目管理、模具布局、模架的装配设计、喷射系统布局设计、冷却通路设计、标准件库组件、电极设计制造等，可帮助设计人员快速完成数据准备、项目管理、型芯/型腔设计、模腔布局、浇注系统、模架设计、顶杆设计等设计任务。

6.1.1　基本设置

　　打开 SolidWorks，在菜单栏点击【工具】|【插件】，出现如图 6-1 所示对话框，勾选【IMOLD V13】插件的复选框，然后点击【确定】，完成插件的添加。此时，系统已添加 IMOLD 插件，出现如图 6-2 所示工具栏，可以进行塑料模具设计的操作。

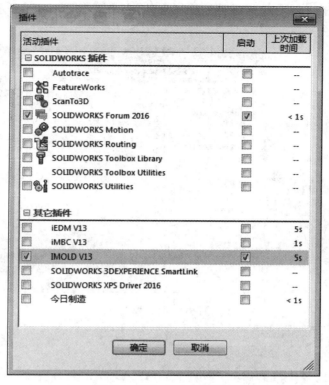

图 6-1　添加 IMOLD 插件

图 6-2　IMOLD 工具栏

6.1.2　设计流程

利用 IMOLD 插件进行塑料模具设计，基本按照如下流程进行设计：数据准备、项目管理、型芯/型腔设计、布局和浇注系统设计、滑块及侧抽芯设计、模架设计、顶杆设计、冷却通路设计、标准件库组件设计等。

6.2　模具设计初始化

6.2.1　数据准备

如图 6-3 所示，单击工具栏中的【数据准备】按钮，弹出【需衍生的零件名】对话框，选择文件夹打开模型，出现如图 6-4(a)所示的【衍生】属性管理器。分析产品的数据信息，输入衍生零件名、原点等信息，可以进行产品的旋转和平移，一般使零件 Z 轴垂直于分型面。设置完成后，点击✔，完成零件的复制及定位操作，如图 6-4(b)所示，准备进行模具设计。

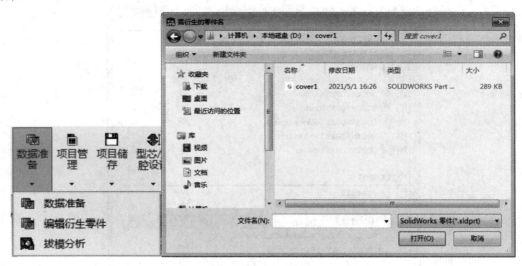

图 6-3　打开模型

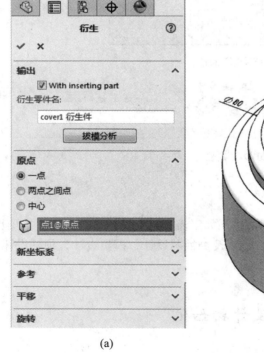

(a)

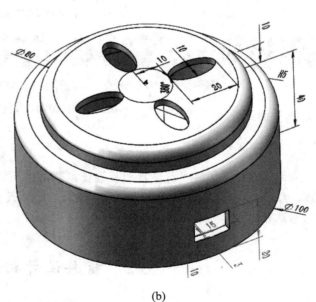

(b)

图 6-4　零件的衍生及定位

6.2.2　项目管理

单击工具栏中的【项目管理】|【新项目】，出现【项目管理】对话框，如图 6-5 所示。

输入项目名"shili"，点击【调入产品…】，选定零件衍生件，设定工作目录，设置单位为"毫米"，在【选项】栏中输入代号为"100-"；单击左侧列表栏中"cover1 衍生件"，在收缩率栏中设定塑料为"ABS"，系数为 1.005，如图 6-6 所示。单击【同意】创建设计项目。

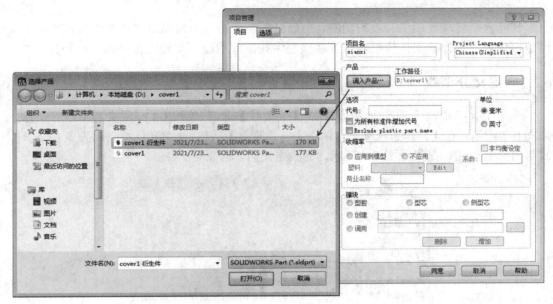

图 6-5　【项目管理】对话框

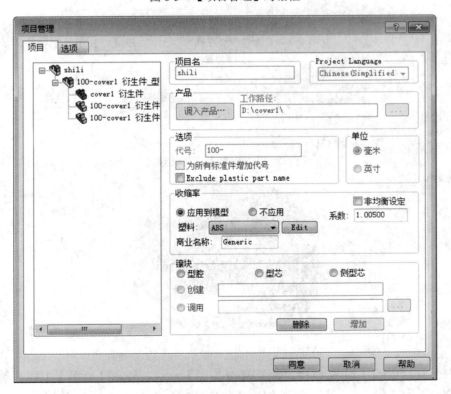

图 6-6　设定收缩率

6.3　型芯/型腔设计

　　智能分型管理器提供高效的功能，可以分析复杂的自由曲面分型线，既可以工作于面模型，也可以工作于实体模型，用于从模型中找出分型面。此外它也提供了删补孔工具。

6.3.1　定义分型线与分型面

　　单击工具栏中的【型芯/型腔设计】|【分型线】命令，弹出【分型线】属性管理器，如图 6-7 所示。在【操作】选项下，单击【自动查寻】按钮，IMOLD 将自动搜索外部分型线与内部分型线，结果如图 6-8 所示。完成定义后，点击 ✔。

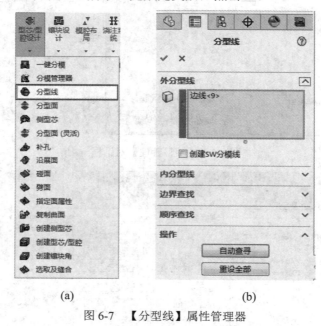

(a)　　　　　　　　　　　　　　　　　　(b)

图 6-7　【分型线】属性管理器

图 6-8　分型线

　　单击工具栏中的【型芯/型腔设计】|【分型面】命令，弹出【分型面】属性管理器，如图 6-9(a)所示。在【操作】选项下勾选【简单分析】选项，单击【查找】按钮，系统搜

索型芯/型腔表面并渲染为不同颜色。在【分型面】属性管理器【爆炸图】选项下勾选【实体】、【型腔】、【型芯】选项，设定合适距离，点击✔，型芯/型腔与零件分离，如图 6-9(b)所示。

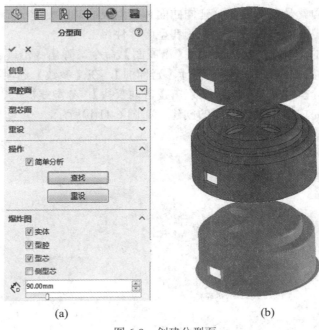

(a)　　　　　　　　　　　　　(b)

图 6-9　创建分型面

6.3.2　修补模型

单击工具栏中的【型芯/型腔设计】|【补孔】命令，弹出【补孔】属性管理器，如图 6-10(a)所示。在【方法】选项下选择【自动补孔】，系统将利用 SolidWorks 自身的填充曲面功能创建修补面。单击✔，完成模型上孔的修补，如图 6-10(b)所示。下方圆柱面上的方孔不能自动修补，可以手动修补。

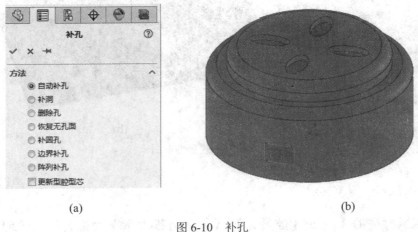

(a)　　　　　　　　　　　　　(b)

图 6-10　补孔

6.3.3　延伸曲面

为了切割用于型芯/型腔零件的毛坯，需要延伸产品模型的边缘，使其大于毛坯。用于延伸模型边缘的曲面就是延伸曲面。延伸曲面和模型表面共同创建一个单一的主分型面，可以保证型芯和型腔间的密合，创建型芯和型腔零件。

单击工具栏中的【型芯/型腔设计】|【沿展面】命令，弹出【沿展面】属性管理器，如图 6-11(a)所示。在【方法】选项下选择【延伸面】，在【参数】选项下定义规则表面距离为 60 mm，在【分型线工具】选项下点击【自动查找】，分型线被选中后显示在【参数】选项中。单击✔，完成模型延伸曲面的创建，如图 6-11(b)所示。

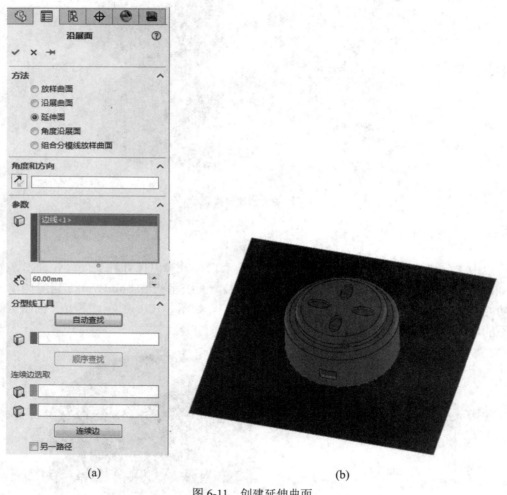

(a)　　　　　　　　　　　　　(b)

图 6-11　创建延伸曲面

6.3.4　插入模坯

单击工具栏中的【型芯/型腔设计】|【创建型芯/型腔】命令，弹出【创建型腔/型

芯】属性管理器，如图 6-12(a)所示。在【参考原点】选项下选择【组件原点】，在【型腔/型芯类型】选项下选择【矩形】，在【参数】选项下接受自动加载的尺寸，在【间隙参数】选项下勾选【X 向对称】与【Y 向对称】。单击✔，完成模坯创建，如图 6-12(b)所示。

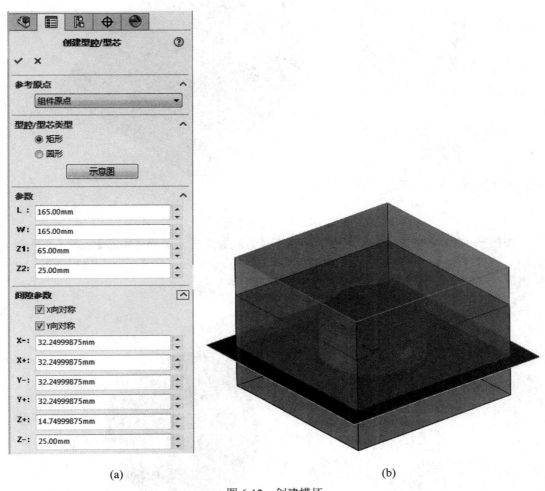

(a)　　　　　　　　　　　　　　　　　　　　　　　　(b)

图 6-12　创建模坯

6.3.5　复制曲面

单击工具栏中的【型芯/型腔设计】|【复制曲面】命令，弹出【拷贝曲面】属性管理器，如图 6-13(a)所示。在【目的地】选项下选择【型腔】；在【面选择】选择下选择【缝合】；在【工具】选项下勾选【整加型腔面】、【整加补钉面】、【整加沿展面】。单击✔，进行复制操作，如图 6-13(b)所示。模坯经过型腔面修剪后得到型腔，同时在 100-cover1 衍生件_型腔.sldprt 零件的特征树中增加了 "CavitySurface-Knit" 和 "使用曲面切除 1" 特征，前者是创建的 "复制曲面"，后者由该曲面切除模坯得到。打开 100-cover1 衍生件，修补方孔。

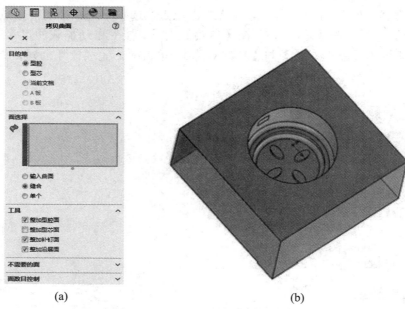

(a)　　　　　　　　　　　　　　　　(b)

图 6-13　创建型腔

在图 6-14(a)【拷贝曲面】属性管理器【目的地】选项下选择【型芯】；在【面选择】选项下选择【缝合】选项，依次选择修补面与创建的延伸面；在【工具】选项下不勾选。单击✔，系统生成型芯零件，如图 6-14(c)所示。

将零件 cover1 衍生件中延伸面压缩。

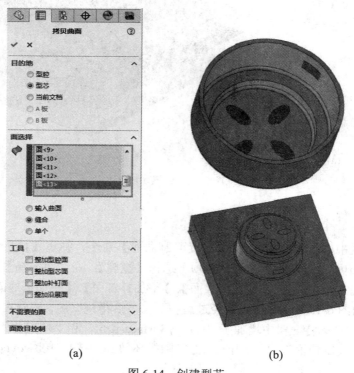

(a)　　　　　　　　　　　　　　　　(b)

图 6-14　创建型芯

6.4　布局和浇注系统设计

IMOLD 提供最大化的灵活性，可以对单个型腔或者型腔体进行编辑，可以实现多型腔模具的型腔自动排列，也适用于平衡和非平衡布局设计。模腔布局提供了专门的布局库，浇注系统提供浇口类型库以及流道的类型设计库。

6.4.1　布局设计

单击工具栏中的【模腔布局】，从弹出的菜单中选择【创建模腔布局】，出现【创建模腔布局】属性管理器，如图 6-15(a)所示。在【类型】选项下选择【对称】；在【方向】选项下选择【垂直】；在【数量】选项下选择【2 个型腔】，其他参数默认。单击✔，系统生成布局，如图 6-15(b)所示。

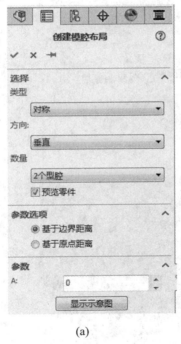
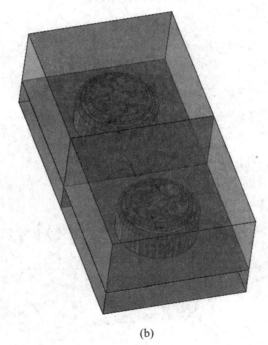

(a)　　　　　　　　　　　　　　　(b)

图 6-15　创建模腔布局

6.4.2　浇口设计

单击工具栏中的【浇注系统】，从弹出的菜单中选择【创建浇口】，出现【创建浇口】属性管理器，如图 6-16(a)所示。在【位置】选项下选择模型底边中点作为浇口定位点；在【浇口类型】选项列表中选取【侧浇口】，并勾选【复制到所有型腔】；在【参数】选项中设置浇口尺寸，如图 6-16(b)所示；在【位置】选项下选择创建的智能点位浇口的位置，即选择【型芯侧】选项指定浇口创建在型芯零件一侧；在【方向】选项中输入"90

度"。单击 ✔，添加浇口，如图 6-17 所示。

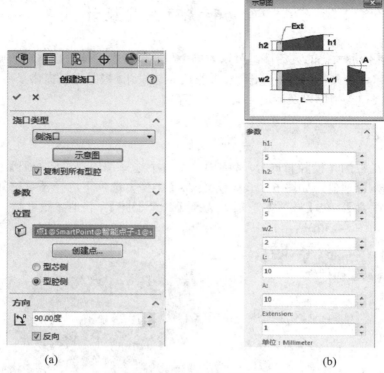

(a)　　　　　　　　　　　　　　　　　　(b)

图 6-16　【创建浇口】属性管理器

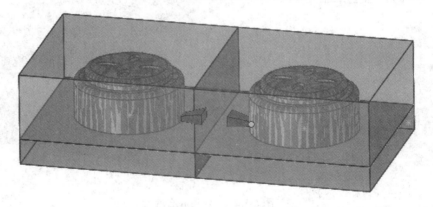

图 6-17　添加浇口

6.4.3　流道系统设计

单击工具栏中的【浇注系统】，从弹出的菜单中选择【创建流道】，出现【创建流道】属性管理器，如图 6-18(a)所示。在【导路类型】选项下选择流道类型为【线性】；在【截面类型】选项下选取【梯形】；在【截面参数】选项中设置截面尺寸，如图 6-18(b)所示；在【位置】选项下选择分流道定位点，即选择浇口外部底线中点为分流道开始点，另一个浇口外部底线中点为分流道结束点。单击 ✔，添加流道，如图 6-19 所示。

| (a) | (b) |

图 6-18　【创建流道】属性管理器

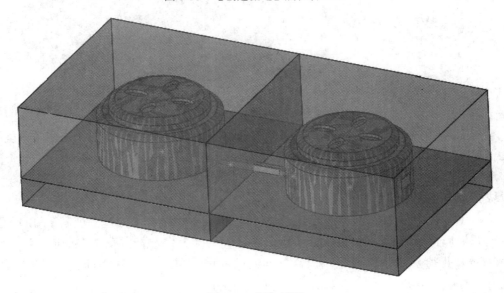

图 6-19　添加流道

6.5　滑块及侧抽芯设计

6.5.1　创建侧型芯

打开零件 cover1 衍生件，单击工具栏中的【型芯/型腔设计】，从弹出的菜单中选择【侧型芯】，出现【侧型芯面】属性管理器，如图 6-20 所示。在【侧型芯面】栏选择方孔 4 个侧面与端面修补面，单击✔。

图 6-20　【侧型芯面】属性管理器

单击工具栏中的【型芯/型腔设计】，从弹出的菜单中选择【分型面】，出现【分型面】属性管理器，在【操作】选项下勾选【简单分析】，点击【查找】，在【爆炸图】选项下取消勾选【实体】，勾选【侧型芯】，可以观察到创建的侧型芯面和修补面，如图 6-21 所示。侧滑块头部需要根据侧型芯面进行设计。

单击工具栏中的【型芯/型腔设计】，从弹出的菜单中选择【创建侧型芯】，出现【创建侧型芯】属性管理器，如图 6-22 所示。在【辅助面】中选择方孔 1 个侧面，【其他的面】选择方孔其余 3 个侧面、端面修补面及圆柱面。单击✔，创建新的侧型芯零件及曲面。

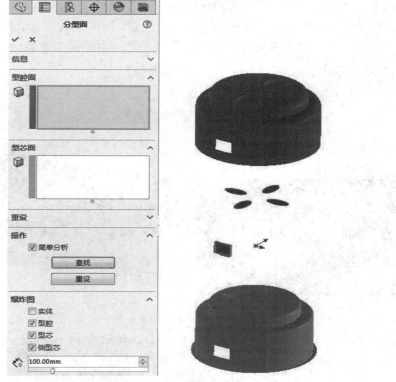

图 6-21　创建侧型芯面

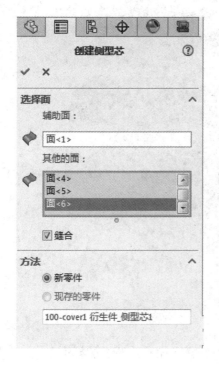

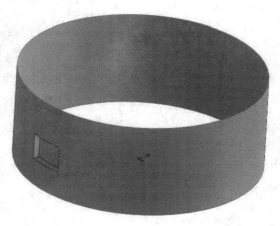

图 6-22　创建侧型芯零件

　　右键单击"100-cover1 衍生件_侧型芯 1<1>"零件，选择【编辑】，在型腔端面创建矩形草图轮廓，拉伸 50(如图 6-23 所示)，生成滑块头。选择 SolidWorks 菜单栏【插入】|【切除】|【使用曲面】命令，用上步生成的曲面对拉伸实体切除后得到滑块头，如图 6-24 所示。

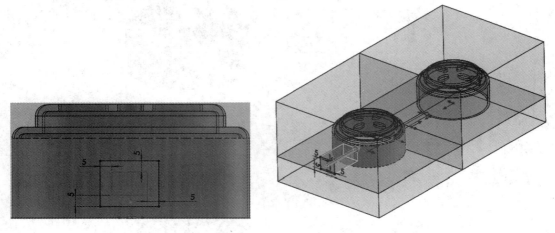

图 6-23　拉伸生成滑块头

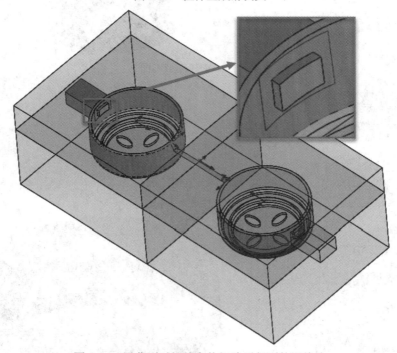

图 6-24　用曲面对拉伸实体切除后得到的滑块头

6.5.2　滑块设计

　　单击工具栏中的【滑块设计】，从弹出的菜单中选择【加外抽芯机构标准】，出现【增加滑块】属性管理器，如图 6-25 所示。

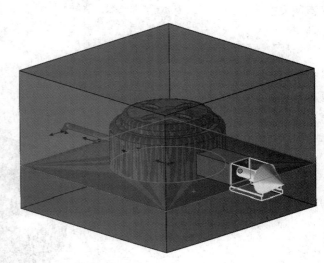

图 6-25　【增加滑块】属性管理器

单击【选取参数】选项展开参数设置界面，在【抽芯方向】中选择滑块头端面作为抽芯方向的基准平面；在【滑块本体底部定位数据平面】中确定滑块放置的基准平面为型腔下表面(即分形面)；在【滑块原点】中指定滑块原点为滑块头端面中点(可以采用智能点创建)。

在【增加滑块】属性管理器中，从下拉列表选取单位、类型、组件等信息，如图 6-26 所示。

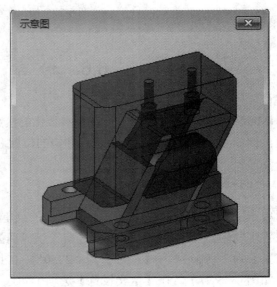

图 6-26　选取滑块类型

展开【选取尺寸】选项，调整各项尺寸参数，可以对每个滑块零件进行尺寸设置。完成参数设定后，点击 ✔，增加滑块组件，如图 6-27 所示。

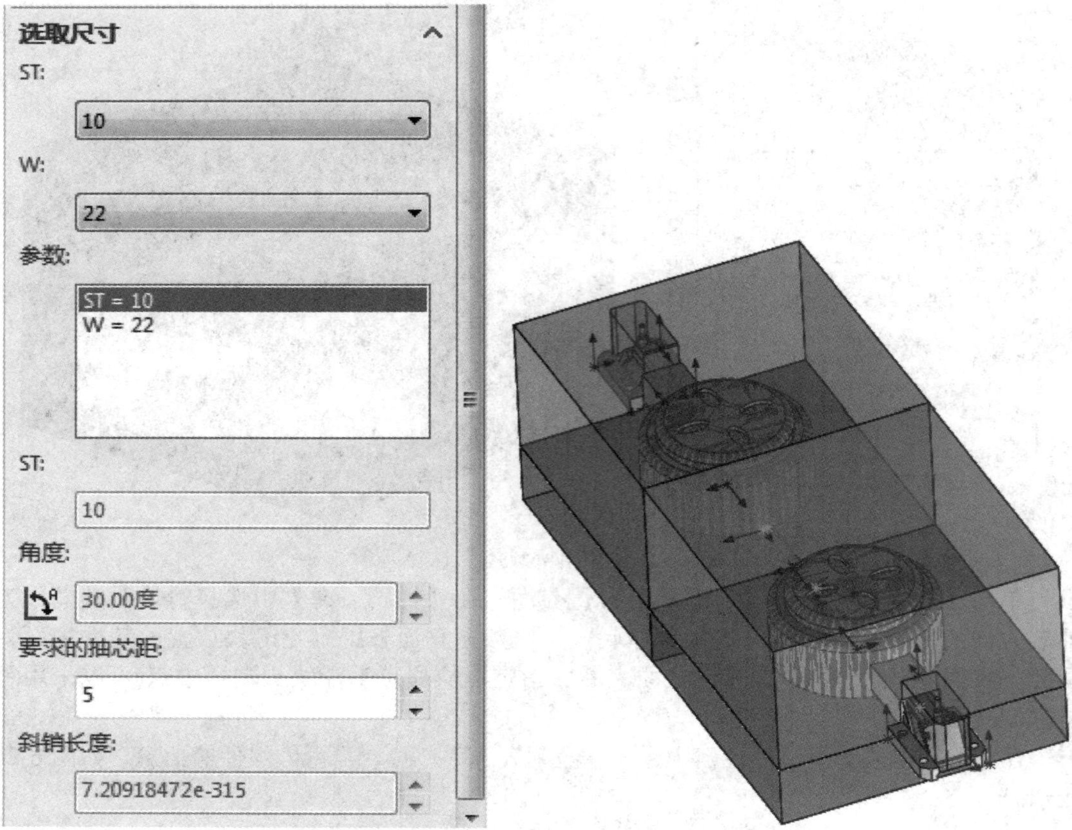

图 6-27　增加滑块组件

6.6　模　架　设　计

IMOLD 提供了大量的 3D 可选择参数化的模架库与直接模架修订界面，方便修改重要参数，例如板大小、板厚度、衬套、柱销的位置和尺寸，以及其他标准部件的参数。

6.6.1　创建模架

单击工具栏中的【模架设计】，从弹出的菜单中选择【创建模架】，出现【创建模架】属性管理器。在【选模架】选项下选取【供应商】为"FUTABA"，【单位】为"Metric"，【类型】为"Type FC"，【型号】为"2750"，单击【显示详细资料】按钮可查看结构示意图，如图 6-28 所示。在【定义设置】选项中勾选【旋转】，确定模架位置。

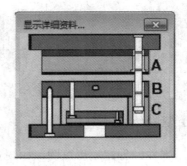

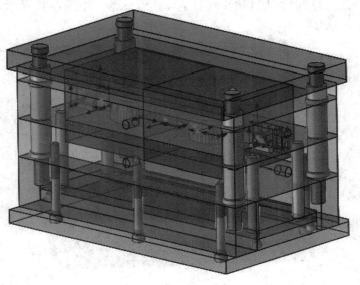

图 6-28　选取模架

　　单击工具栏【模架设计】，从弹出的菜单中选择【清除】，删除零厚度模板及未用的组件。单击工具栏【模架设计】，从弹出的菜单中选择【修改厚度】，出现【修改模架】属性管理器。单击【厚度】按钮，弹出【改厚度】对话框，如图 6-29 所示，在此对话框可以修改模板的厚度参数。

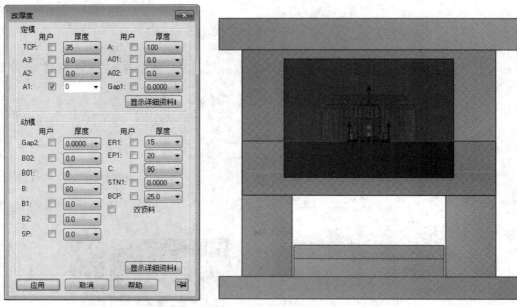

图 6-29　修改模板参数

6.6.2　创建型腔/型芯螺钉

　　打开型腔零件，创建矩形草图，如图 6-30 所示。单击工具栏【智能螺钉】，从弹出的菜单中选择【增加螺钉】，出现【增加螺钉】属性管理器，如图 6-31 所示。

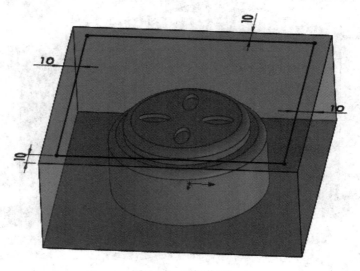

图 6-30　添加草图

图 6-31　【增加螺钉】属性管理器

　　在【选螺钉】选项下选取【单位】为 "Metric"，【类型】为 "SHC_mm"，【名义尺寸】为 "8.0"，【沉头孔深度】为 "9"；在【定义位置】选项下，【定位平面】为型腔模板上表面；勾选【选择草图】，选取型腔上表面的矩形草图，IMOLD 自动找到 4 个定位点；在【旋入板】选项下选择型腔零件，勾选【复制到所有型芯型腔组件】。单击 ，完成型腔螺钉添加，如图 6-32 所示。

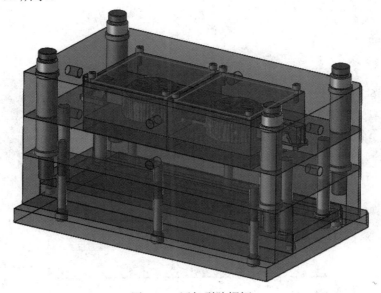

图 6-32　添加型腔螺钉

　　型芯螺钉的添加过程与型腔螺钉的添加过程基本一样，不同的是，前者在【定义位置】选项下，【定位平面】为型芯模板下表面，【旋入板】选项选择型芯零件。设置完成后结果如图 6-33 所示。

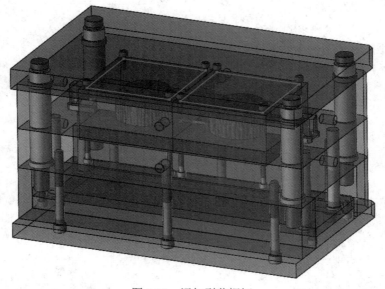

图 6-33　添加型芯螺钉

6.7　顶杆设计

　　IMOLD 插件提供了标准和非标准的顶杆零件库，还提供了简洁的界面菜单用于定义顶杆尺寸和类型并可以定位到项目中，可以对过长顶杆进行裁剪操作以及对各类顶杆进行修改操作。

6.7.1　创建顶杆

　　单击工具栏【顶杆设计】，从弹出的菜单中选择【增加顶杆】，出现【顶杆设置】属性管理器，如图 6-34 所示，选取需要加入顶杆的当前组件文件，单击【确认】，进入该文件，系统即弹出【增加顶杆】属性管理器，如图 6-35 所示，在此可设置顶杆类型与参数。在【定义位置】选项下使用【创建点】创建 4 个点作为顶杆位置点，如图 6-36 所示；【定位平面】选项默认为顶板平面 "ER1"。点击 ✓，完成创建顶杆操作，如图 6-37 所示。

图 6-34　【顶杆设置】属性管理器

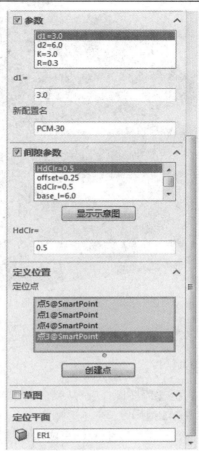

图 6-35　【增加顶杆】属性管理器

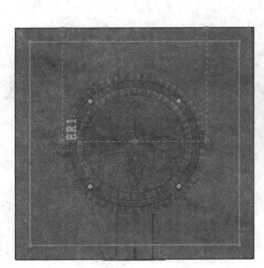
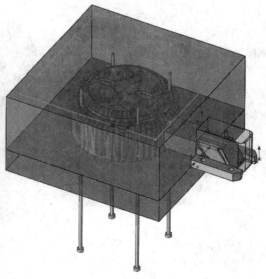

图 6-36　顶杆位置点

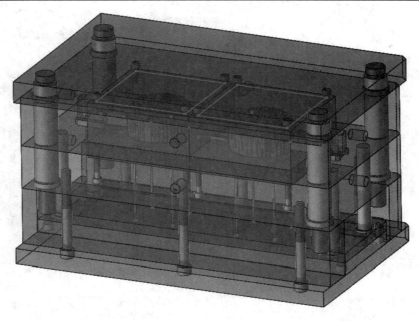

图 6-37　创建顶杆

6.7.2　裁剪顶杆

单击工具栏【顶杆设计】，从弹出的菜单中选择【裁剪顶杆】，出现【裁剪顶杆】属性
管理器，如图 6-38 所示。在【选择方式】选项中选择【所有零件】；在【裁剪方法】选项
中选择【实体裁剪】。点击✔，完成裁剪顶杆操作。

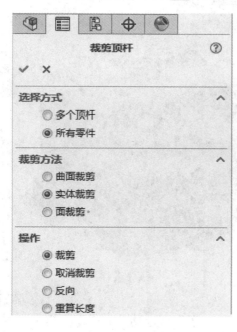

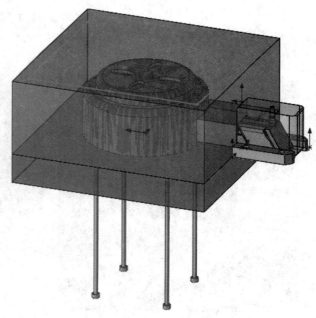

图 6-38　裁剪顶杆

6.8　冷却通路设计

IMOLD 插件提供了直观的参数化界面，使设计师在满足加工工艺的前提下能够快速设计出由简单到复杂的水路。此外该模块还可设计冷却系统附件，如喉塞、水路连接件、O 形密封圈等。

6.8.1　创建水路

单击工具栏【冷却通路设计】，从弹出的菜单中选择【创建冷却通路】，出现【创建水路】属性管理器，如图 6-39(a)所示。在【入口选择】中可以点击【创建点】按钮，使用【智能点】工具在型腔固定板端面创建入口点，指定后出现方向指示箭头表示流向；在【方向】中依次选择【沿 X 轴】【沿 Y 轴】；在【长度】中输入不同方向上的数据，点击【创建】按钮；分段创建不同方向上的水路长度，水路直径为 8 mm。点击 ✓，完成创建水路，如图 6-39(b)所示。

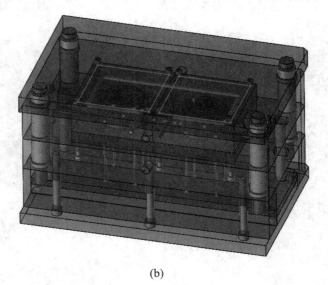

(a)　　　　　　　　　　　　(b)

图 6-39　创建水路

6.8.2 水路延长与过钻

单击工具栏【冷却通路设计】，从弹出的菜单中选择【钻孔】，出现【钻孔】属性管理器，如图 6-40(a)所示。在【堵塞面选择】中选取需要将回路延伸到的零件表面；在【水管选择】中选取需要延伸的回路段落靠近延伸面的一端。点击 ✔，创建延长孔。重复操作每一段需要延长的管路，结果如图 6-40(b)所示。

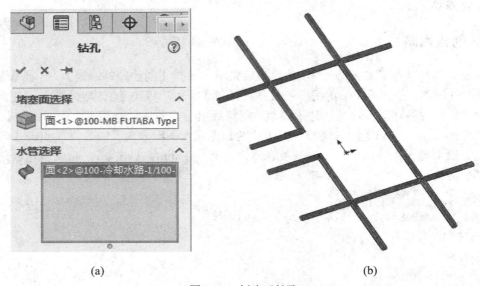

(a)　　　　　　　　　　　　　　(b)

图 6-40　创建延长孔

打开 100-水管 2 零件，单击工具栏【冷却通路设计】，从弹出的菜单中选择【延伸】，出现【延伸】属性管理器，如图 6-41(a)所示。在【水管选择】中选择需要创建过钻部分的回路，在【参数】中指定过钻长度。点击 ✔，创建过钻如图 6-41(b)所示。

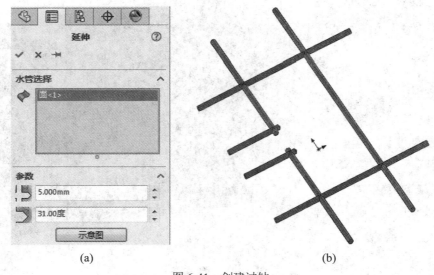

(a)　　　　　　　　　　　　　　(b)

图 6-41　创建过钻

6.9   标准件库组件设计

IMOLD 插件标准件库模块可以便捷地将标准部件添加到模具设计中，任何和部件相关的孔槽在执行开孔命令后将会自动创建，智能目录对话框可以调整所选部件的相关参数来配合设计标准。

6.9.1   创建定位环、浇口套

单击工具栏【标准件库】，从弹出的菜单中选择【增加标准件】，出现【增加标准件】属性管理器，如图 6-42 所示。在【选标准件】中选取【供应商】为"DME"，【单位】为"Metric"，【类型】为"一般"，【零件】为"定位圈 R6012"；在【定义位置】中选定【定位平面】为位板上表面。点击✔，创建定位环如图 6-43 所示。

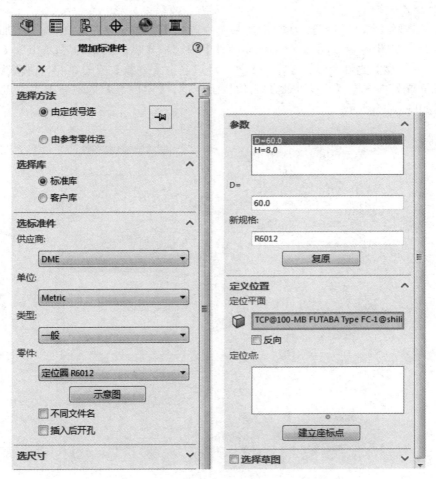

图 6-42   【增加标准件】属性管理器

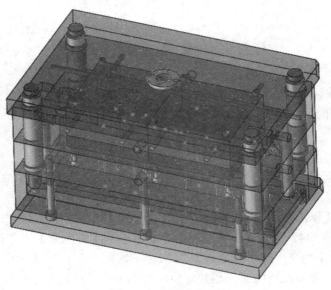

图 6-43　创建定位环

　　单击工具栏【标准件库】，从弹出的菜单中选择【增加标准件】，出现【增加标准件】属性管理器，如图 6-44 所示。在【选标准件】中选取【供应商】为 "DME"，【单位】为 "Metric"，【类型】为 "一般"，【零件】为 "浇口套"；【参数】按图 6-44 中默认尺寸设定；在【定义位置】中选定【定位平面】为位板上表面，【定位点】为平面中心。点击 ✓，创建浇口套如图 6-45 所示。

图 6-44　【增加标准件】属性管理器

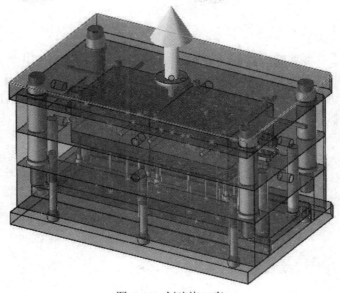

图 6-45　创建浇口套

　　单击工具栏【标准件库】，从弹出的菜单中选择【修改标准件】，出现【修改标准件】属性管理器(如图 6-46(a)所示)，在【参数】栏将浇口套长度从 76 修改为 86，与流道相交。点击✔，修改结果如图 6-46(b)所示。

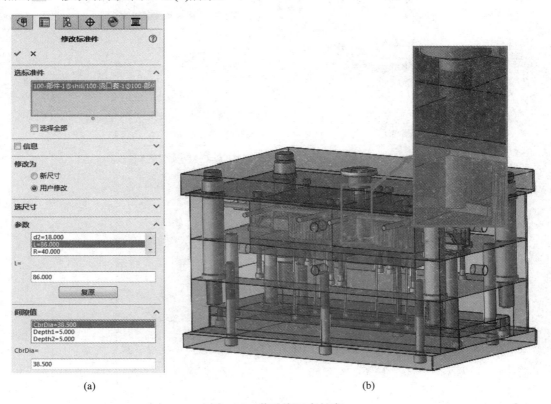

　　　　　　(a)　　　　　　　　　　　　　　　　　　　(b)

图 6-46　修改浇口套长度

6.9.2　水路附件

单击工具栏【冷却通路设计】，从弹出的菜单中选择【附件】，出现【附件】属性管理器。在【选项】中选取【所有管】，在【零件类型】中勾选【水管接头】、【堵头】、【O 形圈】(如图 6-47(a)所示)，分别定义三种零件的尺寸，如图 6-47(b)、(c)、(d)所示。点击✔，创建结果如图 6-48 所示。

图 6-47　【附件】属性管理器

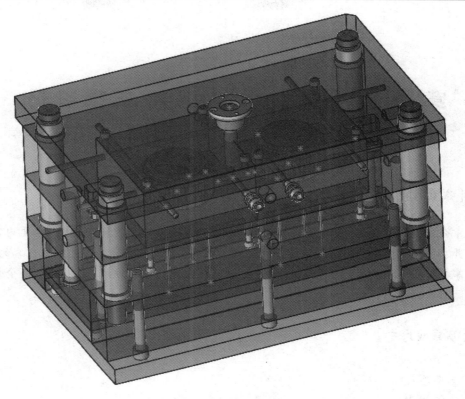

图 6-48　创建水路附件

6.10　零件开孔出图

选取工具栏【智能螺钉】工具，在定位环、滑块机构等部件上安装螺栓。至此所设计的任务已完成，选取工具栏【IMOLD 工具】|【开孔管理自动】，可以对零件进行开孔操作。如果需要出图，可以使用【出图】工具生成零件的工程图。

第 7 章　Logopress3 冲压模设计

【本章导读】

　　本章介绍如何利用 Logopress3 进行冲压零件的级进模模具设计及装配，主要内容包括零件展开、料带排样、模板设计与标准件安装、冲模设计及装配等。通过本章内容的学习，读者应掌握使用 SolidWorks/Logopress3 进行级进模设计的操作方法，能够完成钣金件的冲压设计。

【本章知识点】

➢ 基本工具栏
➢ 零件展开
➢ 料带排样
➢ 模板设计
➢ 标准件安装
➢ 冲模设计及装配

7.1　Logopress3 简介

　　Logopress3 是由法国 LOGOPRESS 公司开发的三维模具设计软件，主要用于五金冲压模的设计，可设计级进模、精密冲裁模、多工位模和拉延模等模具，是 SolidWorks 认证的专业 3D 五金模具设计合作伙伴。Logopress3 主要有以下几个功能模块：成型件展开、板(条)料带排样、模板设计、冲模设计。

7.1.1　基本设置

　　打开 SolidWorks，在菜单栏点击【工具】|【插件】，出现如图 7-1 所示对话框，勾选 Logopress3 插件的复选框，然后点击【确定】，完成插件的添加。此时，系统完成 Logopress3 插件的添加，出现如图 7-2 所示工具栏，可以进行冲压模具设计的相关操作。

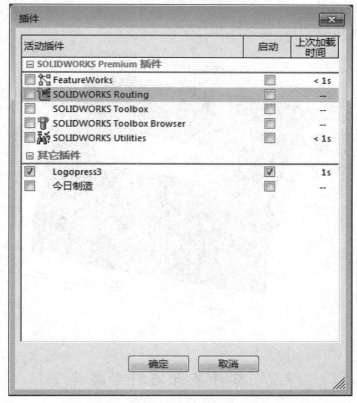

图 7-1　添加 Logopress3 插件

图 7-2　Logopress3 工具栏

7.1.2　设计流程

利用 Logopress3 插件进行模具设计，基本按照如下流程进行设计：数据准备、成型件展开、板(条)料带排样、模板设计、冲模设计及装配、动作模拟及出图等。本章以如图 7-3 所示的厚度为 1 mm 的扣件为例，用 Logopress3 插件进行冲压模具设计，具体设计流程如下：

(1) 零件展开并插入工位。

(2) 料带排样前的零件准备，确定冲裁重心。

(3) 在料带上添加冲裁冲头。

(4) 设计模具结构，在排样基础上添加各模板。

(5) 安装冲裁冲头、弯曲成形冲头及定位冲头。

(6) 安装模板间的固定螺钉、定位销。

(7) 安装卸料装置。

（8）安装料带升降机构。

（9）安装导正销、导柱。

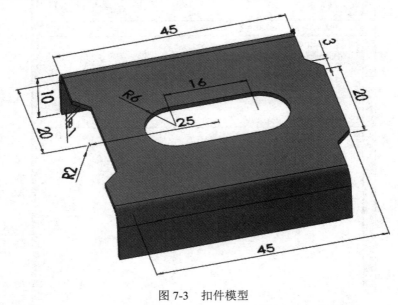

图 7-3　扣件模型

7.2　零件展开与料带排样

7.2.1　零件展开

　　打开扣件模型，点击 Logopress3 工具栏【插入一个工位标志】按钮 🔺，在设计树中创建一个"010 展开步骤"工位标志特征，如图 7-4 所示。

图 7-4　设计树创建工位标志

　　点击 Logopress3 工具栏【分步展开】按钮 ，系统弹出【分布展开】属性管理器，如图 7-5 所示。在【特征】选项组中点击 【选择靠近固定面侧的需要展开的圆角面】选择器，在绘图区选择圆角面，选择结果列在 【部分展开】列表中，如图 7-6 所示。

图 7-5　【分步展开】属性管理器

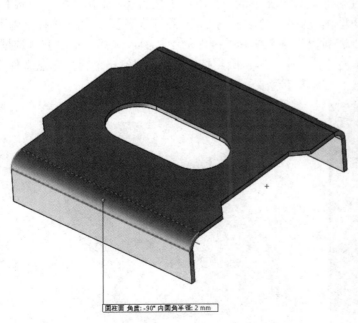

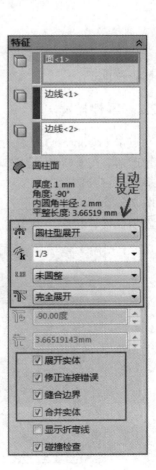

图 7-6　选择圆角面

在【分步展开】属性管理器的【特征】选项栏，勾选【展开实体】、【修正连接错误】、【缝合边界】、【合并实体】复选框，单击确定按钮✓，所选的圆角展开。选择另一个圆角面进行相同操作，系统会在【分布展开】属性管理器的【部分展开】选项栏中列出将展开运算的弯曲曲面，单击确定按钮✓，生成实体特征，完成分布展开操作，零件展开如图 7-7 所示。

图 7-7　零件展开

点击 Logopress3 工具栏【插入一个工位标志】，在设计树中创建"020 展开步骤"工位标志特征。

7.2.2　零件排样

点击 Logopress3 工具栏【料带设计开始前的零件准备】按钮🔲，弹出【零件准备】属性管理器。在【参考面】选项组中，选择当前配置为【020 展开步骤】，单击【选择参考面】选择器，在绘图区选择零件上表面作为备考模具基准面的参考面，选择【重心】单选框，如图 7-8 所示，以零件重心作为零件原点。单击确定按钮✓，创建一个料带起点文件夹，并显示在设计树中，其中包含了起动料带所必须的特征。

图 7-8　零件准备

点击 Logopress3 工具栏【创建/编辑料带排样】按钮，弹出【保存料带装配为：】对话框，输入文件名为"扣件料带"，在【选择板料布局】列表框中选择【020 展开步骤】，在【选择成品零件布局】列表框中选择【010 展开步骤】，如图 7-9 所示。

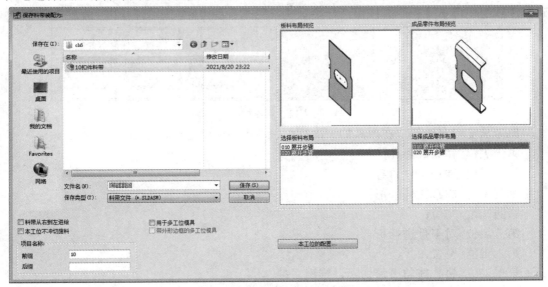

图 7-9　【保存料带装配为：】对话框

单击【本工位的配置…】按钮，弹出【本工位的配置】对话框，单击 ＋ 按钮，将工位配置增加为 7 个，如图 7-10 所示，单击【确定】按钮，回到【保存料带装配为：】对话框，单击【保存】，系统打开【料带排样】属性管理器，如图 7-11 所示，并显示料带预览。

工位	配置
工位 1	＜没有配置＞
工位 2	－避空位－
工位 3	－避空位－
工位 4	－避空位－
工位 5	010 展开步骤
工位 6	－避空位－
工位 7	－避空位－

图 7-10　工位配置

图 7-11　【料带排样】属性管理器

如图 7-11 所示，在【料带排样】属性管理器【料带参数】选项组中，设置 【零件间隙】为 10 mm，【工步数】为 7，【垂直位置零件模型】为"平衡的"，【从料带顶部的值】为 2 mm；勾选【在料带中添加零件】选项组中【反转零件】；在【延迟重建】选项组中单击【应用】按钮，开始重建，生成料带排样，如图 7-12 所示。

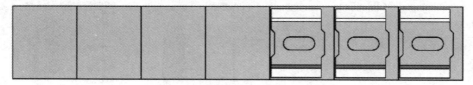

图 7-12　料带排样

料带从左向右进料，在模具的一次行程中，不同工位工作任务如下：

第一工位　完成冲导孔；

第二工位　冲裁工件自身的孔；

第三工位　冲裁工件外形；

第四工位　空位；

第五工位　对工件进行折弯；

第六工位　空位；

第七工位　将载体与废料切断，推出工件。

7.2.3　添加冲裁冲头

单击【料带排样】属性管理器中【冲头】选项卡，进入冲头设计。单击【冲头参数】选项栏中【添加冲头】按钮，进入草图，如图 7-13 所示在工位 1 料带零件轮廓线以外绘制 2 个 $\phi4$ 的圆，退出草图，系统生成圆柱冲头预览。在【冲头参数】选项栏设定【冲头高度】为 60 mm，【冲头穿透】为 1 mm，勾选【零件冲裁】、【切除搭边】复选框，如图 7-14 所示。点击【延迟重建】选项栏中【应用】按钮，生成冲头及冲孔。

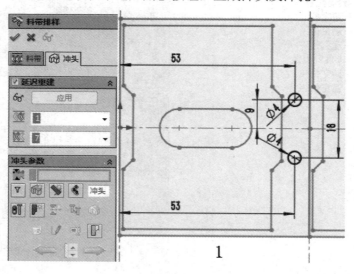

图 7-13　圆柱冲头草图

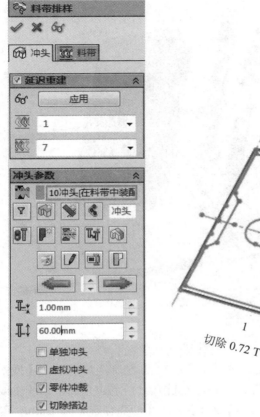

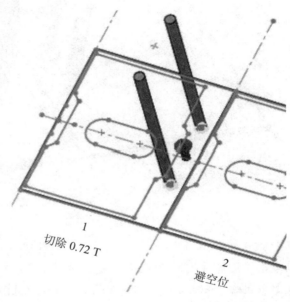

图 7-14　圆柱冲头

单击【冲头参数】选项栏中【添加冲头】按钮 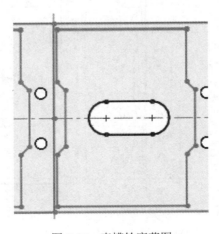，进入草图，如图 7-15 所示在工位 2，选择直槽轮廓转换实体引用，退出草图，系统生成圆柱冲头预览。在【冲头参数】选项栏设定【冲头高度】为 60 mm，【冲头穿透】为 1 mm，勾选【零件冲裁】、【切除搭边】复选框，点击【延迟重建】选项栏中【应用】按钮，生成直槽冲头及冲孔，如图 7-16 所示。

图 7-15　直槽轮廓草图

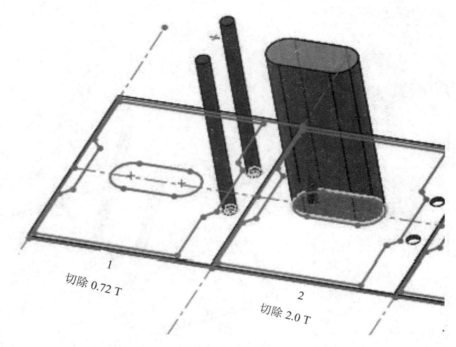

图 7-16　直槽冲头

继续点击【添加冲头】按钮![icon]，进入草图，在工位 3 绘制矩形，点击【搜索冲头外部轮廓线】按钮![icon]，系统生成轮廓，如图 7-17 所示标注尺寸，退出草图，系统生成冲头预览。在【冲头参数】选项栏设定【冲头高度】为 60 mm，【冲头穿透】为 1 mm，勾选【零件冲裁】、【切除搭边】复选框，点击【延迟重建】选项栏中【应用】按钮，生成冲头及冲孔，如图 7-18 所示。同样可添加另一边的冲裁冲头。

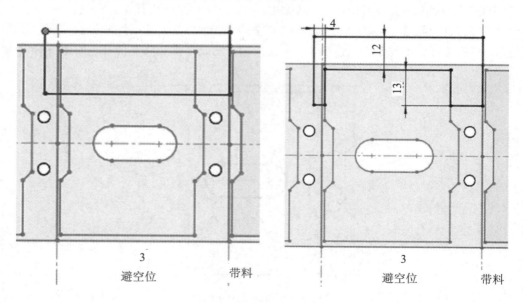

图 7-17　冲头轮廓线

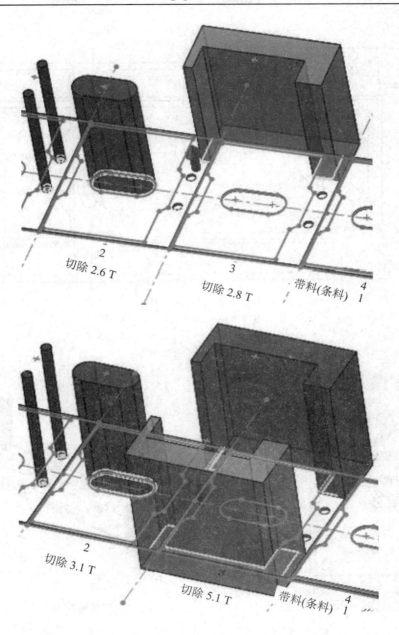

图 7-18　外轮廓冲裁冲头

　　点击【添加冲头】按钮，进入草图，在工位 7 绘制矩形，点击【搜索冲头外部轮廓线】按钮，系统生成轮廓，如图 7-19 所示标注尺寸，退出草图，系统生成冲头预览。在【冲头参数】选项栏设定【冲头高度】为 60 mm，【冲头穿透】为 1 mm，勾选【零件冲裁】、【切除搭边】复选框，点击【延迟重建】选项栏中【应用】按钮。单击【料带排样】属性管理器中【料带】选项卡，点击图形区工位 4，如图 7-20 所示在【料带工位】选项栏【此工位配置】选项中选择"没有配置"，单击确定按钮，生成冲头如图 7-21 所示。

保存所有文件。

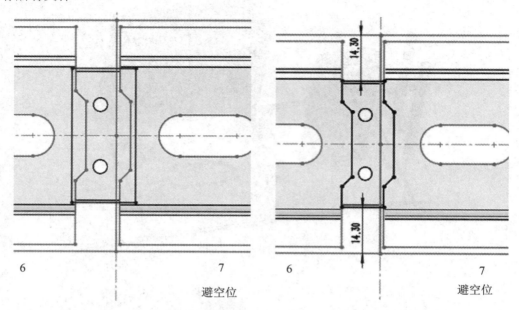

图 7-19 切割冲头草图

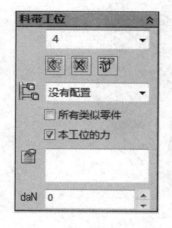

图 7-20 工位 4 配置

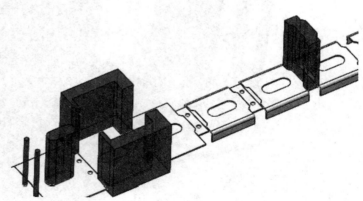

图 7-21 生成的冲头

7.3 模具结构设计

7.3.1 下模部分

点击工具栏【模具设计】按钮，保存系统生成的装配体文件为"扣件模具.SLDASM"，弹出【模具设计】属性管理器，如图 7-22 所示。在【模板】选项栏中单击【添加一块模板】按钮，弹出【添加一模板】属性管理器，如图 7-23 所示。

图 7-22　【模具设计】属性管理器　　　　　图 7-23　【添加—模板】属性管理器

　　在【放置模板的模具零件】选项中选择 "10 下模部分_扣件模具-1"，在【选择模板的模板】选项中选择 "Chamfer plate_metric"，在【输入模板名称】中输入 "凹模"。激活在【模板 Z 向位置】选项中【Z 向配合的参考零件】选择器，点击料带下底面；激活在【模板 X 位置】选项中【X 向配合的参考零件】选择器，点击料带左侧面；激活在【模板 Y 位置】选项中【Y 向配合的参考零件】选择器，点击料带中心线，如图 7-24 所示。单击确定按钮，回到【模具设计】属性管理器，生成凹模板。在【模板尺寸】选项栏修改凹模尺寸，如图 7-25 所示，单击确定按钮。同样添加下模座、导板、料带导板，如图 7-26～图 7-28 所示。

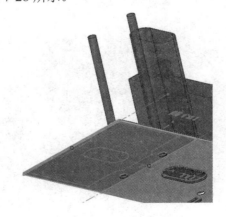

图 7-24　配合的参考

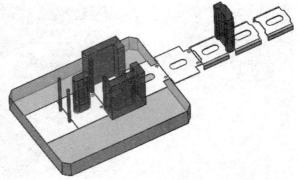

图 7-25　凹模板

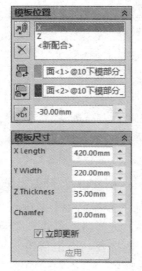
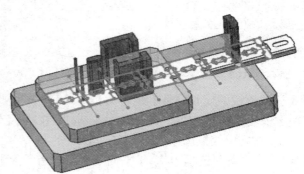

图 7-26　下模座

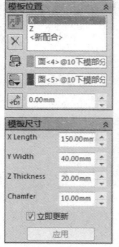
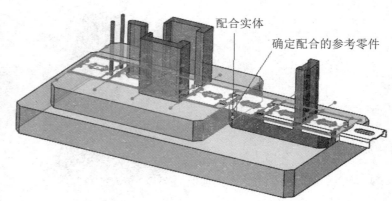

图 7-27　导板

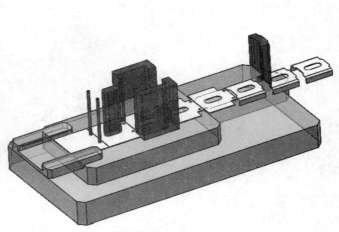

图 7-28　料带导板

7.3.2　中间部分

在【模具设计】属性管理器【模板】选项栏中单击【添加一块模板】按钮 ，弹出【模板—模板】属性管理器，如图 7-29 所示。在 【放置模板的模具零件】选项中选择"10 中间部分_扣件模具-1"，在 【选择模板的模板】选项中选择"Stripper element_metric"，在 【输入模板名称】中输入"卸料板"。激活在【模板Z向位置】选项中 【Z向配合的参考零件】选择器，点击料带上表面；激活在【模板X位置】选项中 【X向配合的参考零件】选择器，点击凹模左侧面；激活在【模板Y位置】选项中 【Y向配合的参考零件】选择器，点击料带中心线。单击确定按钮 ，回到【模具设计】属性管理器，生成卸料板。在【模板尺寸】选项栏修改尺寸，单击确定按钮 ，如图 7-30 所示。

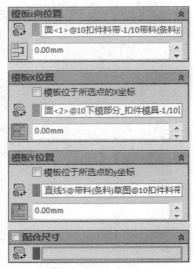

图 7-29　【模板—模板】属性管理器

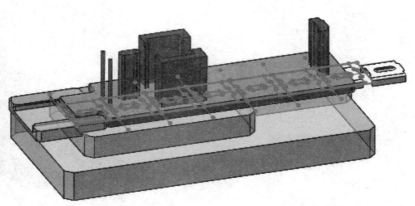

图 7-30　卸料板

7.3.3　上模部分

在【模具设计】属性管理器【模板】选项栏中单击【添加一块模板】按钮 ，弹出【模板—模板】属性管理器，如图 7-31(a)所示。在 【放置模板的模具零件】选项中选择 "10 上模部分_扣件模具-1"，在 【选择模板的模板】选项中选择 "Chamfer plate-metric"，在 【输入模板名称】中输入 "上模座"。激活在【模板 Z 向位置】选项中 【Z 向配合的参考零件】选择器，点击冲头上表面；激活在【模板 X 位置】选项中 【X 向配合的参考零件】选择器，点击下模座左侧面；激活在【模板 Y 位置】选项中 【Y 向配合的参考零件】选择器，点击料带中心线。单击确定按钮 ，回到【模具设计】属性管理器，生成上模座。在【模板尺寸】选项栏修改尺寸(如图 7-31(b)所示)，单击确定按钮 ，添加上模座后如图 7-32 所示。同样添加上固定板，如图 7-33 所示。

(a)　　　　　　　　　　　　(b)

图 7-31　上模部分属性设置

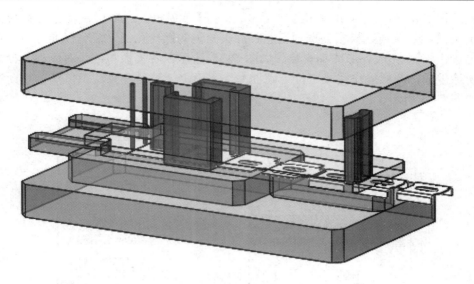

图 7-32　上模座

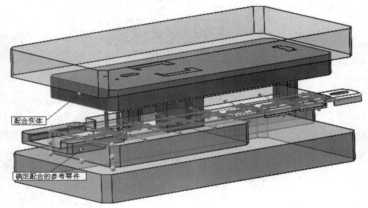

图 7-33　上固定板

7.4　安装冲头

本次冲压模具设计需要安装的冲头有：工位 1 中两个圆柱冲头、工位 2 中直槽冲头、工位 3 中外形冲裁冲头、工位 5 的弯曲成形冲头及工位 7 的切断冲头。

7.4.1　冲裁冲头

点击工具栏【冲裁冲头】按钮，弹出【冲裁冲头】属性管理器，如图 7-34 所示，在【冲裁冲头】选项栏中激活【冲头装配】选择器，点击工位 3 中两个外形冲裁冲头；在【冲头固定板】选项栏中激活【凸模固定板】选择器，选择图形区上固定板；在【卸料板】选项栏，设置冲头与卸料板间隙为 0.25 mm；在【凹模板】选项栏，单击【孔的类型】按钮，单击【标准斜角】按钮；在【下模板】选项栏，设置废料与孔间隙为 2 mm；【螺钉头所在模板】选项留空，冲头固定的螺栓孔在 7.5 节标准件中设定。单击确定按钮，完成外形冲头安装，如图 7-35 所示，各模板与冲头对应部分分别完成孔的切除生成，同样操作完成工位 1 圆柱冲头、工位 2 直槽冲头、工位 7 的切断冲头安装，如图 7-36 所示。

图 7-34   【冲裁冲头】属性管理器

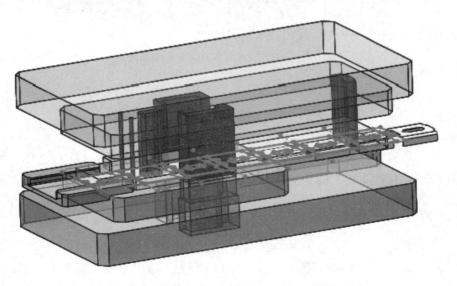

图 7-35   外形冲裁冲头安装

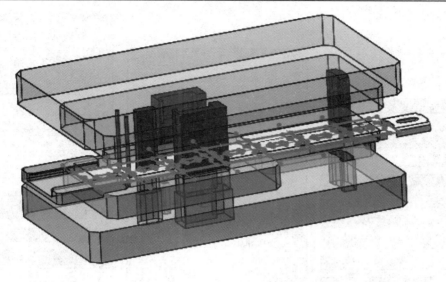

图 7-36　冲裁冲头安装

7.4.2　圆柱冲头

　　点击工具栏【标准件库】按钮，弹出如图 7-37 所示的列表，单击【圆头凸模冲模平板】按钮，弹出列表，单击【圆头凸模冲模平板】按钮，弹出【圆柱冲模】属性管理器，如图 7-38(a)所示。激活【冲头装配】选项栏中选择器，点击工位 1 中圆柱冲头；激活【冲头固定板】选项栏中【选择冲头支撑模板】选择器，选择图形区上模固定板上表面；激活【凹模板】选项栏中选择器，选择凹模；输入冲头相关信息，如图 7-38(b)所示；激活【卸料板】选项栏中选择器，选择图形区卸料板；激活【螺塞模板】选项栏中选择器，选择上模座，并输入相关参数如图 7-38(c)所示。单击确定按钮，退出【圆柱冲模】属性管理器，进入草图定位模式，单击工具栏绘制点按钮，捕捉到冲头圆心并绘制点。退出草图后，生成圆柱冲头，如图 7-39 所示。

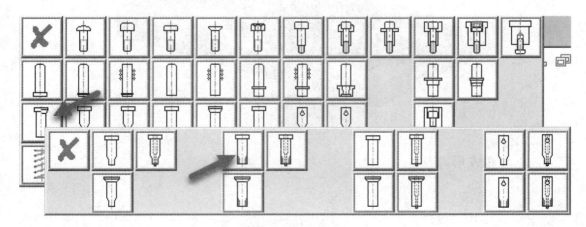

图 7-37　标准件列表

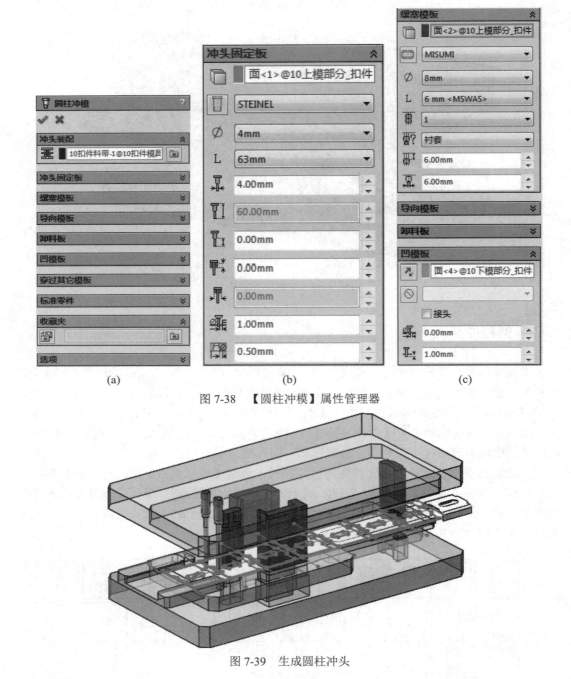

图 7-38　【圆柱冲模】属性管理器

图 7-39　生成圆柱冲头

7.4.3　弯曲成形冲头

1. 成形凸模

点击工具栏【成形冲头和成形凸凹模】按钮，弹出【成形冲头和凹模】属性管理器，如图 7-40 所示，激活【板料成形区域】选项栏中【选择折弯的面】选择器，选

择工位 5 零件下表面的一个弯曲面，如图 7-41 所示；激活【成形冲头固定板】选项栏中
【选择冲头放置基准面】选择器，选择导板下表面，点击【冲头放置基准面】选择器前
面的【冲头草图定义】按钮 ，进入草图模式绘制如图 7-42 所示的草图，退出草图回到
【成形冲头和凹模】属性管理器，单击 ，如图 7-43 所示生成凸模。同样方法可以生
成另一个凸模。

图 7-40　【成形冲头和凹模】属性管理器

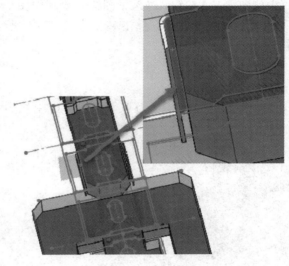

图 7-41　零件下表面的一个弯曲面

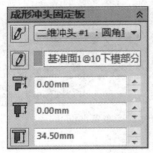
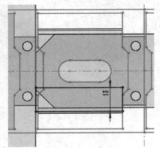

图 7-42　导板下表面草图

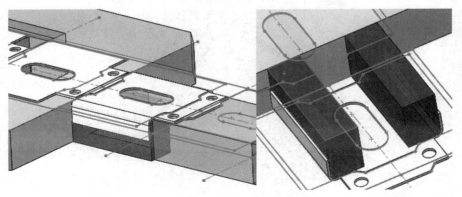

图 7-43　生成凸模

2. 成形凹模

点击工具栏【成形冲头和成形凸凹模】按钮 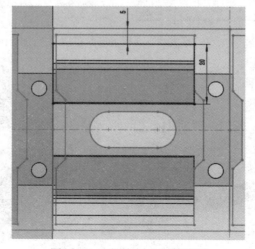，弹出【成形冲头和凹模】属性管理器，如图 7-40 所示，激活【板料成形区域】选项栏中【选择折弯的面】选择器，选择工位 5 零件上表面的一个弯曲面，如图 7-44 所示；激活【成形冲头固定板】选项栏中【选择冲头放置基准面】选择器，选择上固定板上表面，点击【冲头放置基准面】选择器前面的【冲头草图定义】按钮，进入草图模式绘制如图 7-45 所示的草图，退出草图回到【成形冲头和凹模】属性管理器，单击 ，如图 7-46 所示生成凹模。同样方法可以生成另一个凹模。

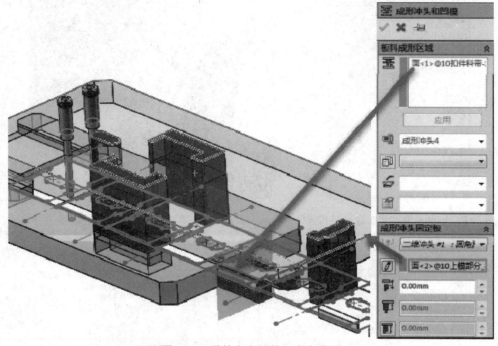

图 7-44　零件上表面的一个弯曲面

图 7-45　上固定板上表面草图

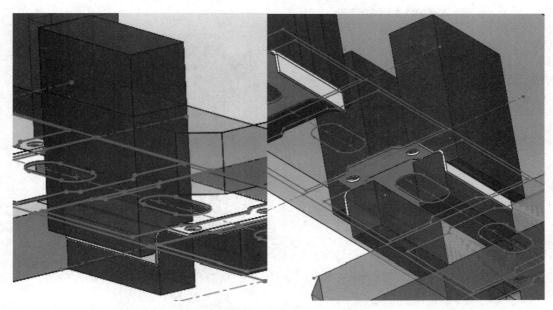

图 7-46　生成凹模

7.5　标准件的安装

本节主要介绍导柱、导正销、料带升降器、卸料板的安装。

7.5.1　安装导柱

点击工具栏【标准件库】按钮，弹出如图 7-47 所示的列表，单击【圆头导柱】按钮，弹出【导柱装配】属性管理器。激活【导柱安装基准平面】选项栏选择器，选择下模座上表面，在【导柱顶部配合模板】选项中单击【导柱顶部配合模板】选择器，选择上模座，生成预览，在【导柱装配】属性管理器中设置导柱尺寸如图 7-48 所示；单击确定按钮，进入草图模式，绘制导柱位置点如图 7-49 所示，退出草图，系统生成导柱如图 7-50 所示。

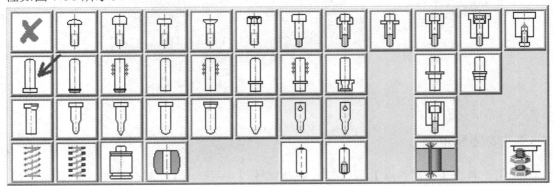

图 7-47　标准件列表

图 7-48 【导柱装配】属性管理器

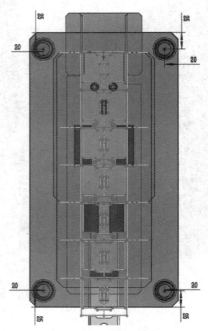

图 7-49 导柱位置点

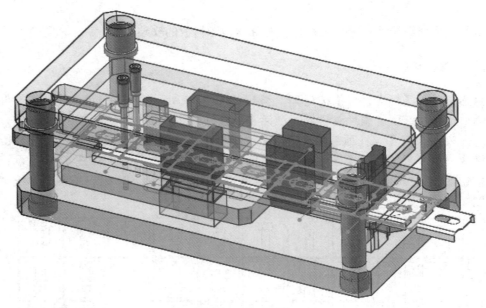

图 7-50 生成导柱

7.5.2 安装导正销

点击工具栏【标准件库】按钮 ，弹出如图 7-51 所示的列表，单击【圆头导正销】按钮，弹出【圆柱形导正销】属性管理器，如图 7-52 所示。

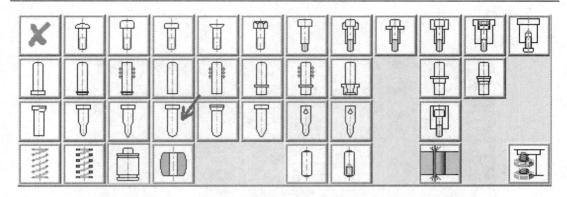

图 7-51　标准件列表

图 7-52　【圆柱形导正销】属性管理器

　　激活【顶板】选项栏 [图]【选择导正销支撑模板】选择器，选择上固定板上表面；激活【凹模板】选项栏 [图]【选择凹模板】选择器，选择凹模板，在【顶板】与【凹模板】选项栏设置导正销参数；激活【卸料板】选项栏 [图]【选择卸料板】选择器，选择卸料板；激活【螺塞模板】选项栏 [图]【选择螺塞放置模板】选择器，选择上模座，在【螺塞模板】选项栏设置参数。单击【圆柱形导正销】属性管理器中确定按钮 [图]，进入草图模式，在圆形冲孔圆心处绘制点，如图 7-53 所示，退出草图，系统生成导正销。重复上述操作，激活

【凹模板】选项栏 ▢ 【选择凹模板】选择器，选择导板。绘制草图点，退出后生成导正销，如图 7-54 所示。

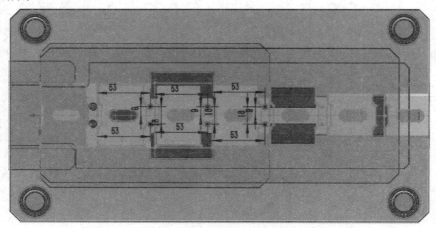

图 7-53　导正销定位点草图

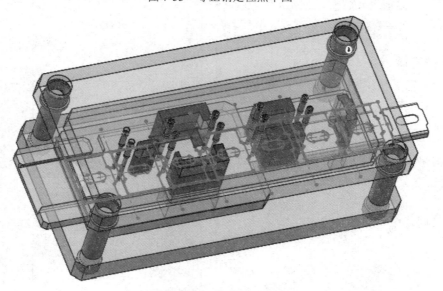

图 7-54　生成导正销

7.5.3　安装料带升降器

　　点击工具栏【标准件库】按钮 🔧，弹出如图 7-55 所示的列表，单击【加工轴】按钮，弹出【加工轴】属性管理器，如图 7-56 所示。激活【加工轴参考面】选项栏 ▢ 选择器，选择下模座下表面；激活【穿过其它模板】选项栏中的【选择其它要过的模板】选择器，在图形区选择凹模和导板；激活【加工轴参考面】选项栏【选择加工轴基准平面参考面】选择器，在更新后的【单个加工】对话框中点击【更改孔的类型】按钮 >>，弹出列表如图 7-57 所示，单击【攻丝(#28)】按钮，在更新后的【单个加工】对话框中设置孔的参数，如图 7-58 所示。

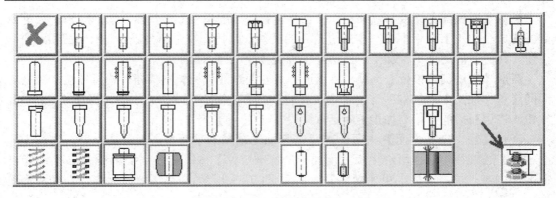

图 7-55　标准件列表

图 7-56　【加工轴】属性管理器

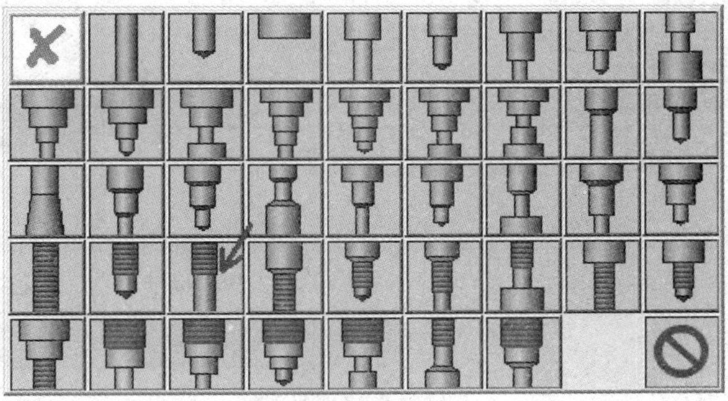

图 7-57　孔类型列表

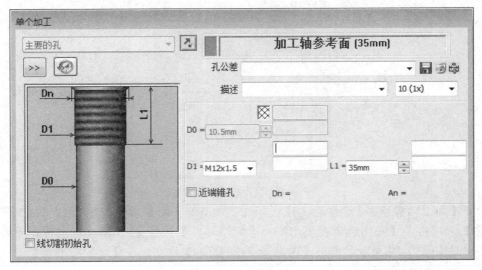

图 7-58　设置孔参数

　　激活【穿过其它模板】选项栏中【选择其它要过的模板】选择器，选择凹模，在更新后的【单个加工】对话框中点击【更改孔的类型】按钮，在弹出列表中选择【通孔(#1)】按钮，在更新后的【单个加工】对话框中设置【D0 = 】为 5 mm。

　　激活【穿过其它模板】选项栏中【选择其它要过的模板】选择器，选择导板，在更新后的【单个加工】对话框中点击【更改孔的类型】按钮，在弹出列表中选择【通孔(#1)】按钮，在更新后的【单个加工】对话框中设置【D0 = 】为 5 mm。

　　激活【加工轴参考面】选项栏　【选择加工轴基准平面参考面】选择器，选择【标准零件】选项栏中【在所选模板上增加一个标准零件】按钮　，添加标准件，系统弹出标准件列表，单击【标准粗牙螺塞】按钮(如图 7-59 所示)，在【增加标准件】属性管理器中设置参数，点击确定按钮　，如图 7-60 所示，完成添加，系统回到【加工轴】属性管理器。

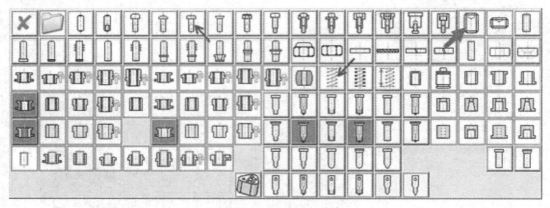

图 7-59　标准零件

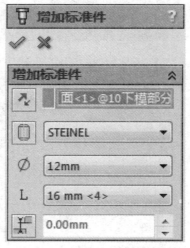

图 7-60　粗牙螺塞参数设置

　　激活【加工轴参考面】选项栏　【选择加工轴基准平面参考面】选择器，单击选择【标准零件】选项栏中【在所选模板上增加一个标准零件】按钮　，添加标准件，系统弹出标准件列表如图 7-59 所示，单击【压缩弹簧(圆截面)】按钮，在【增加标准件】选项栏设置参数，如图 7-61 所示。

图 7-61　压缩弹簧参数设置

　　激活【加工轴参考面】选项栏【选择加工轴基准平面参考面】选择器，单击选择
【标准零件】选项栏中【在所选模板上增加一个标准零件】按钮，添加标准件，在弹
出的标准件列表中单击【短套头螺钉】按钮，在【增加标准件】选项栏设置参数，如图 7-62
所示。单击确定按钮，完成添加，回到【加工轴】属性管理器，单击确定，进入草图
模式，如图 7-63 所示绘制定位点，退出草图，生成料带升降装置，如图 7-64 所示。

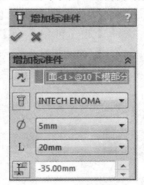

图 7-62　短套头螺钉参数设置

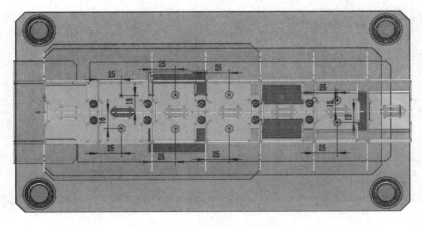

图 7-63　升降螺钉定位草图

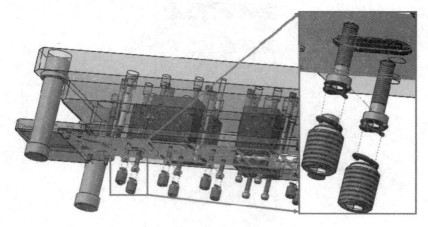

图 7-64　料带升降装置

7.5.4　安装卸料板

点击工具栏【标准件库】按钮 ，弹出如图 7-55 所示的列表，单击【加工轴】按钮，弹出【加工轴】属性管理器，如图 7-56 所示。激活【加工轴参考面】选项栏 选择器，选择上模座上表面；激活【穿过其它模板】选项栏中的【选择其它要过的模板】选择器，在图形区选择上固定板和卸料板；激活【加工轴参考面】选项栏【选择加工轴基准平面参考面】选择器，在更新后的【单个加工】对话框中点击【更改孔的类型】按钮 ，在弹出列表中单击【埋头孔(#4)】按钮，设置参数如图 7-65 所示。

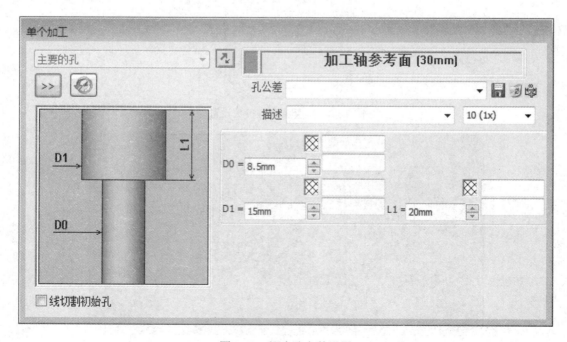

图 7-65　埋头孔参数设置

激活【穿过其它模板】选项栏中的【选择其它要过的模板】选择器，选择上固定板，在更新后的【单个加工】对话框中点击【更改孔的类型】按钮 >> ，在弹出列表中单击【通孔(#1)】按钮，设置参数【D0 =】为 12 mm。

激活【穿过其它模板】选项栏中的【选择其它要过的模板】选择器，选择卸料板，在更新后的【单个加工】对话框中点击【更改孔的类型】按钮 >> ，在弹出列表中单击【螺纹通孔(#26)】按钮，设置参数【D1 =】为 M6X1.0。

激活【加工轴参考面】选项栏 📄【选择加工轴基准平面参考面】选择器，如图 7-66 所示，单击选择【标准零件】选项栏中【在所选模板上增加一个标准零件】按钮 ，添加标准件，系统弹出标准件列表，单击【等高螺丝】按钮，在【增加标准件】属性管理器设置参数，如图 7-67 所示。单击确定按钮 ，完成添加，回到【加工轴】属性管理器。

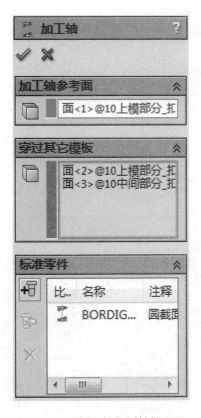

图 7-66　【加工轴】属性管理器

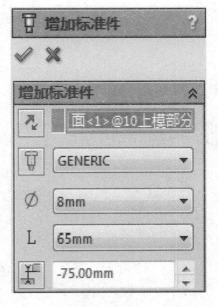

图 7-67　等高螺丝参数设置

激活【穿过其它模板】选项栏中的【选择其它要过的模板】选择器，选择上固定板，单击选择【标准零件】选项栏中【在所选模板上增加一个标准零件】按钮 ，添加标准件，系统弹出标准件列表，单击【压缩弹簧(圆截面)】按钮，在【增加标准件】选项栏设置参数，如图 7-68 所示。单击确定按钮 ，完成添加，回到【加工轴】属性管理器。单击确定按钮 ，进入草图模式，如图 7-69 所示绘制点，退出草图，生成卸料装置如图 7-70 所示。

图 7-68 压缩弹簧参数设置

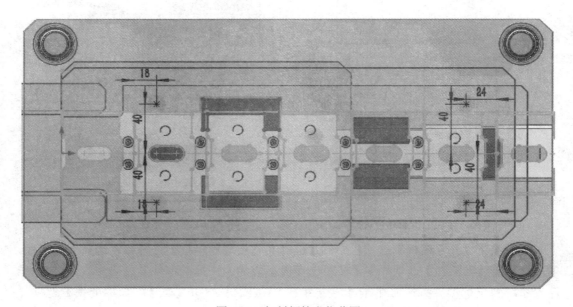

图 7-69 卸料螺栓定位草图

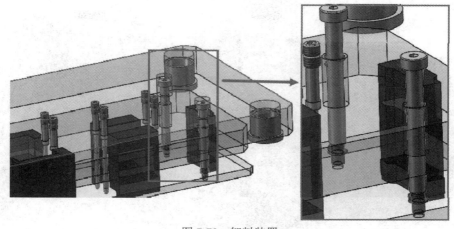

图 7-70　卸料装置

7.6　标准连接件的安装

本节介绍所有的冲头与上模座的固定，包括凸模、凹模与上、下模座模板之间的固定连接。

7.6.1　模板间的固定螺钉

点击工具栏【标准件库】按钮，弹出如图 7-55 所示的列表，单击【内六角头螺栓】按钮，弹出【螺钉装配】属性管理器。在【螺钉头所在的模板】选项栏设置【选择螺钉头所在平面】 为上模座上表面，ϕ 为 8 mm，L 为 35 mm，在弹出的【单个加工】对话框中设置螺钉孔的参数，如图 7-71 所示；在【螺孔模板】选项栏设置【选择螺孔模板】为上固定板，选择参数 M8(x1.25)。单击确定按钮 ，进入草图模式，绘制点后退出，生成螺栓如图 7-72 所示。同样可以安装下模座与凹模、导板与下模座、导料板与凹模之间的螺栓。

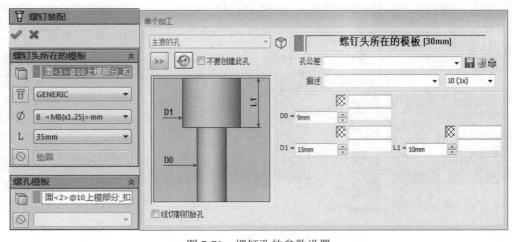

图 7-71　螺钉孔的参数设置

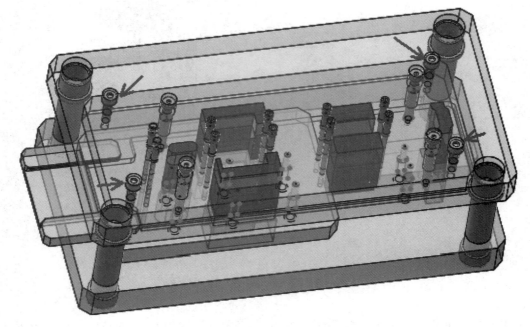

图 7-72　上模座与上固定板间螺栓

7.6.2　固定冲裁头及成形冲头的螺钉

点击工具栏【标准件库】按钮🔩，弹出如图 7-55 所示的列表，单击【内六角头螺栓】按钮，弹出【螺钉装配】属性管理器。在【螺钉头所在的模板】选项栏设置【选择螺钉头所在平面】🔲为上模座上表面，ϕ 为 5 mm，L 为 25 mm，在弹出的【单个加工】对话框中选择螺钉孔的参数，如图 7-73 所示；在【螺孔模板】选项栏设置【选择螺孔模板】为直槽冲头上表面。单击确定按钮✔，进入草图模式，绘制点后退出，生成螺栓。同样可以生成冲裁头及成形冲头的固定螺栓，如图 7-74 所示。

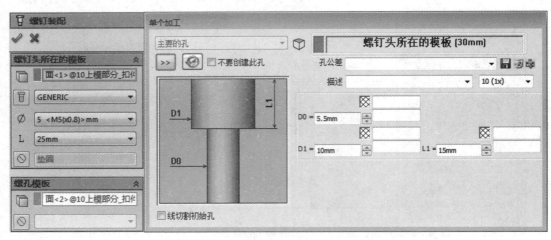

图 7-73　螺钉孔的参数设置

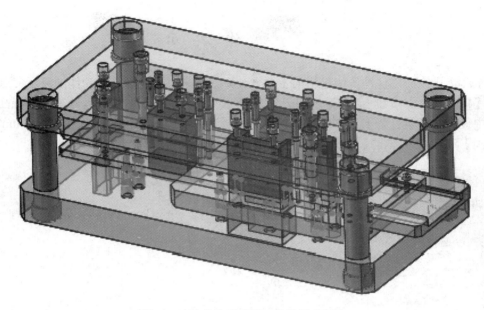

图 7-74　冲裁头及成形冲头的固定螺栓

7.6.3　上模座与上固定板间的定位销

点击工具栏【标准件库】按钮 🔧，弹出标准件列表，单击【直定位销】按钮，弹出【销钉装配】属性管理器。在【压紧压边板】选项栏设置【选择压边板的面】🔲为上模座上表面，【选择此零件供应商】🔳为"STEINEL"，ϕ 为 6 mm，L 为 24 mm；在【滑动压边板】选项栏设置【选择压边板的面】为上固定板上表面。单击确定按钮 ✅，进入草图模式，绘制点后退出草图，生成定位销如图 7-75 所示，同样可以生成下模座与凹模之间的定位销。

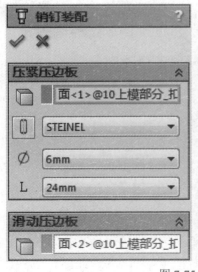
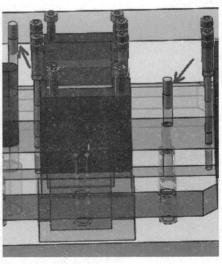

图 7-75　生成定位销

7.7　动　作　演　示

　　至此，已完成零件冲压级进模的主要设计，接下来可以进行模具动作的演示。点击工具栏【模具动画】按钮 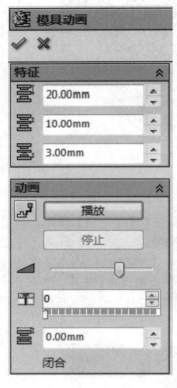，弹出如图 7-76 所示【模具动画】属性管理器，在【特征】选项栏中设定【模具行程】为 20 mm，【卸料板】行程为 10 mm，【料带行程】为 3 mm，在【动画】选项栏中点击【播放】按钮，系统给出模具工作的运行动画。

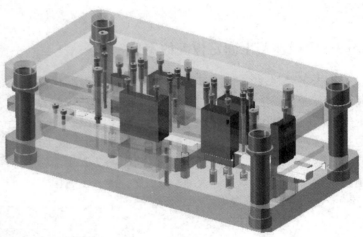

图 7-76　【模具动画】属性管理器

第 8 章　机械零件三维 CAD 系统开发

【本章导读】

　　本章介绍如何利用常见软件开发工具对 V 带传动进行自动化设计计算，在 SolidWorks 平台自动生成带轮三维模型，主要内容包括 V 带传动的自动设计计算、数据处理、自动建模等操作。通过本章内容的学习，读者应掌握利用常见编程工具快速实现简单机械零件的设计与三维建模的开发方法。

【本章知识点】

➢ SolidWorks API 对象
➢ 开发的方法
➢ V 带传动的参数设计
➢ 带轮的自动建模

8.1　基 本 工 具

1. Visual Basic

　　Visual Basic (以下简称 VB)是在 Windows 平台下，用于开发和创建具有图形用户界面的应用程序的工具。其可视化特性，为应用程序的界面设计提供了快捷途径。VB 为用户提供了包括编辑、测试和调试等各种程序开发工具的集成开发环境，具有数百条语句、函数及关键词，从应用程序的界面设计、程序编码、测试和调试、编译并建立可执行程序到应用程序的发行，都易于实现。

2. SolidWorks

　　SolidWorks 是基于 Windows 平台开发的著名的全参数化三维实体造型软件，具有良好的开发性和兼容性。SolidWorks 为二次开发提供了大量的 API 对象，这些对象涵盖了全部的 SolidWorks 的数据模型，通过对这些对象属性的设置和方法的调用，可以实现 SolidWorks 操作功能。SolidWorks 对象为如 VB、VBA(Excel，Access)、C、VC++等开发工具对 SolidWorks 工作环境进行访问处理提供了接口。通过这些对象可以对 SolidWorks 工作环境添加菜单、删除菜单、添加工作条、打开文件、新建文件、退出 SolidWorks 系统。调用 SolidWorks 中的 API 函数，还可以完成零件的建造和修改；零件各特征的建立、修改、删除和压缩等各项控制；零件特征信息的提取，如特征尺寸的设置与提取，特征所在面的信息提取及各种几何和拓扑信息；零件的装配信息；零件工程图纸中的各项信息等。

另外，SolidWorks 与其他专业软件无缝集成， 数据交换易于实现，是机械零件二次开发的优秀平台。

8.2　实　现　方　法

8.2.1　SolidWorks 二次开发原理

1. SolidWorks API 接口

SolidWorks 的 API 接口分为两种：一种是基于 OLE (Object Linking and Embedding，对象连接与嵌入)Autonation 的 IDispatch 技术；另一种是基于 Windows 基础的 COM(Component Object Model，组件对象模型)。基于 OLE Automation 的 IDispatch 技术作为快速开发的手段，一般常用于 VB、Delphi 编程语言的接口，通过 IDispatch 接口暴露对象的属性和方法，以便在客户程序中使用这些属性并调用它所支持的方法。此技术只能开发 EXE 形式的程序，所开发的 CAD 系统不能直接加挂在 SolidWorks 系统界面下，无法实现与 SolidWorks 系统的集成。COM 技术是 SolidWorks API 的基础，是 Microsoft 公司提出的，并被大多数公司支持的一种标准协议，它建立了一个软件模块同另一个软件模块的连接，当这种连接建立之后，两个模块之间就可以通过接口来进行通信。COM 接口更为简洁高效，可以使用最多的 SolidWorks API 函数。

SolidWorks 支持 ActiveX Automation 技术，VB 环境下建立的客户程序可以直接访问 SolidWorks 中的对象。ActiveX Automation 是 Microsoft 公司提出的基于 COM 的技术标准，是 OLE 技术的提升，可以协调不同的应用程序互相通信。

2. SolidWorks API 对象结构

Solidworks API 通过面向对象组织所有的接口对象，如图 8-1 所示，可以分为以下几个大类：

(1) 应用程序对象。应用程序对象包括 SldWorks、ModelDoc2、PartDoc、AssemblyDoc 及 DrawingDoc 对象。

(2) 配置文件对象。配置文件对象管理零件中不同模块(零件文档模式)与装配体中不同零件(装配体文档模式)的状态。

(3) 事件对象。Solidworks API 接口中提供了对事件的支持，当前版本中支持的事件类型有 AssemblyDoc 事件、DrawingDoc 事件、FeatMgrView 事件、ModelView 事件、PartDoc 事件、SldWorks 事件及 SWPropertySheet 事件。

(4) 注解对象。注解对象管理文档的注解。

(5) 模型对象。模型对象描述 SolidWorks 内部数据结构。

(6) 特征对象。特征对象描述 SolidWorks 应用程序所提供的特征操作，这些特征对象与 SolidWorks 软件本身提供的特征操作相对应。

(7) 草图对象。草图对象包括管理所有的草图元素，如圆弧、长方形、样条曲线等。

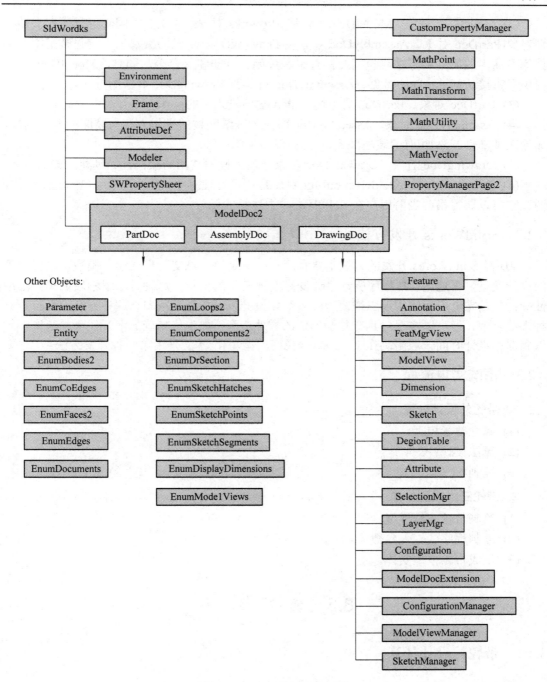

图 8-1　SolidWorks API 对象

3. SolidWorks API 对象简介

(1) SldWorks 对象。SldWorks 对象是所有其他对象的父类，提供了直接或间接访问其他所有 SolidWorks API 接口的方法，在二次开发中访问其他接口都要通过它。SldWorks 对象是二次开发中最重要的一个对象，通过它才能建立二次开发插件与 SolidWorks 应用程序之间的连接。

(2) ModelDoc 对象。ModelDoc 对象是 SldWorks 对象的子对象，同时也是所有文档模型对象(PartDoc 对象、AssemblyDoc 对象及 DrawingDoc 对象)的父对象，它封装了不同文档模型通用的属性和方法，包括文档打来、关闭、打印和保存等。同时，ModelDoc 对象提供了直接访问 PartDoc 对象、AssemblyDoc 对象和 DrawingDoc 对象的方法。

(3) PartDoc 对象。PartDoc 对象提供 Part 文档模式下的操作。

(4) AssemblyDoc 对象。AssemblyDoc 对象管理装配体的操作方法与装配相关的属性，如导入零部件、添加/取消装配关系、隐藏/现实零部件等。

(5) DrawingDoc 对象。DrawingDoc 对象管理工程图文档的操作，如创建、删除等。

(6) SelectionMgr 对象。SelectionMgr 对象是选择管理对象，用于管理用户的选择操作，通过它可以获得指向当前用户在 SolidWorks 中选择的元素。

8.2.2　SolidWorks 开发方法

VB 对 SolidWorks 开发的方法主要有两种：一是用人机交互形式建立模型，设置合理的设计变量，再通过 VB 程序驱动设计变量实现模型的更新，这种方法编程较简单，通用性好；二是完全用程序实现三维模型的参数化设计以及模型的编辑，这种方法编程较第一种方法复杂，但可以实现对具有复杂形体的零件造型，如生成精确的渐开线齿轮齿廓。考虑到课程设计时间一般限制在 1～2 周(含说明书撰写)，本文采用第一种开发方法。

8.2.3　系统实现流程

1. 带轮的设计计算
(1) 建立数学模型；
(2) 算法设计；
(3) 编制程序。

2. 带轮三维模型生成
(1) 绘制带轮三维模型；
(2) 编制程序、输入参数；
(3) 生成带轮模型实体。

8.3　实　现　过　程

8.3.1　带轮的设计计算

1. V 带传动的组成
V 带传动是由主动轮、从动轮和传动带组成的。当原动机驱动主动轮转动时，由于带和带轮间的摩擦，便拖动从动轮一起转动，并传递一定的动力。V 带传动具有在机械中应用广泛，结构简单，制造、安装和维护方便，传动平稳，造价低廉以及缓冲吸振等优点。同时它具有传动比不准确、传动装置不够紧凑、带的寿命短、传动效率较低等缺点。普通 V 带传动带的截面形状分为 Y、Z、A、B、C、D、E 七种。

2. 相关参数及条件

(1) 电动机驱动形式;

(2) 额定功率(P);

(3) 主动轮转速(n_1);

(4) 从动轮转速(n_2);

(5) 每天工作时间(h);

(6) 传动比;

(7) 工作情况;

(8) 中心距的初选。

3. 带轮主要参数选择及处理

本例中计算参考的图表具体见《机械设计手册》(第 3 版)第 2 卷第 14 篇第 1 章(机械工业出版社)。

(1) 工作情况系数 K_A。

工作情况系数 K_A 是由载荷变动、原动机型号和工作时间所决定的, 如表 8-1 所示, 可以运用条件及选择语句, 确定 K_A 值。

表 8-1　工作情况系数 K_A

载荷变动	工 作 机	原 动 机					
		空、轻载启动			重载启动		
		每天工作时间/h					
		< 10	10～16	> 16	< 10	10～16	> 16
载荷变动微小	液体搅拌机、通风机和鼓风机(小于等于 7.5 kW)、离心式水泵和压缩机、轻型输送机	1.0	1.1	1.2	1.1	1.2	1.3
载荷变动小	带式输送机、通风机(大于 7.5 kW)、旋转式水泵和压缩机、发电机、金属切削机床、锯木机和木工机械	1.1	1.2	1.3	1.2	1.3	1.4
载荷变动较大	制转机、斗式提升机、往复式水泵和压缩机、起重机、磨粉机、冲剪机床、橡胶机械、纺织机械、重载输送机	1.2	1.3	1.4	1.3	1.4	1.5
载荷变动大	破碎机(旋转式、颚式等)、磨碎机(球磨、棒磨、管磨)	1.3	1.4	1.5	1.4	1.5	1.6

(2) 确定计算功率 P_{ca}。

$$P_{ca} = K_A \times P$$

(3) 选择 V 带型号。

根据已知条件所提供的小带轮转速 n_1 和输出功率 P, 选择合适的 V 带型号。

(4) 确定带轮基准直径 d_{d1} 和 d_{d2}。

① 选择小带轮基准直径 d_{d1}。

当 d_{d1} 取较小值时, 可以减轻重量及减小传动装置外廓尺寸, 但带的弯曲应力增大。

当 d_{d1} 取较大值时，有利于减小带的弯曲应力，但相同转速下带速增加。设计时，在 d_{d1} 大于最小基准直径和带速 $v = 5 \sim 25\text{m/s}$ 范围内，按基准直径系列选取。

② 验算带速 v。

$$v = \frac{\pi \cdot d_{d1} \cdot n_1}{60} \times 1000$$

一般 v 在 $5 \sim 25$ m/s 内选取。

③ 选择大带轮基准直径 d_{d2}。

$$d_{d2} = i \times d_{d1} = \frac{n_1}{n_2} \times d_{d1}$$

计算出大带轮直径后，查表选取大带轮的基准直径，并按 V 带轮的直径系列加以圆整，一般允许带轮转速误差控制在 5% 以内。

④ 传动比 i。

$$i = \frac{d_{d2}}{d_{d1}}$$

⑤ 验算从动轮带速 n_2。

$$n_2 = \frac{n_1}{i}$$

当 $\dfrac{\text{计算带速} - \text{给定带速}}{\text{给定带速}} \times 100\% < 5\%$ 时，允许。

(5) 确定中心距 a 和带长 L_D。

① 可按下式确定初选中心距 a_0：

$$0.7 \times (d_{d1} + d_{d2}) \leqslant a_0 \leqslant 2 \times (d_{d1} + d_{d2})$$

② 确定带的计算基准长度 L_0。

$$L_0 = 2a_0 + \frac{\pi}{2} \cdot (d_{d1} + d_{d2}) + \frac{(d_{d2} - d_{d1})^2}{4a_0}$$

查图得到带的基准长度 L_D。

③ 计算中心距 a。

$$a = a_0 + \frac{L_D - L_0}{2}$$

④ 确定中心距调整范围。

$$a_{\max} = a + 0.03L_D, \quad a_{\min} = a - 0.015L_D$$

(6) 验算带轮包角 a_1。

$$a_1 = 180° - \frac{d_{d2} - d_{d1}}{a} \times 60°$$

当 $a_1 > 120°$ 时，包角 a_1 合适。

(7) 确定 V 带根数 z。

由相关图表确定单根 V 带额定功率 P_0 值、额定功率值的增量 P_{01}、包角系数 K_a、长度系数 K_L。计算 V 带根数 z 公式为

$$z \geqslant \frac{P_{ca}}{(P_0 + P_{01}) \times K_a \times K_L}$$

计算出 V 带根数后取整。为了使各根 V 带受力较为均匀，一般要求 $z \leqslant 8$，若计算结果超出此限，应加大带轮直径甚至改选 V 带型号后重新计算。

(8) 计算单根 V 带初拉力 F_0。

$$F_0 = \frac{500 P_{ca}}{\left(\dfrac{2.5}{K_a} - 1\right) \cdot v \cdot z} + q \cdot v^2$$

其中，q 由表确定。

(9) 计算带轮对轴的压力 F_Q。

带轮一般由轴来支撑，为设计轴和轴承，应计算 V 带通过带轮作用于轴上的压力 F_Q。F_Q 可近似按两边拉力均为 zF_0 计算。

$$F_Q = 2 \times z \times F_0 \times \sin\frac{a_1}{2}$$

(10) V 带带轮材料的选择。

带轮常用材料为灰铸铁 HT150($v \leqslant 30$ m/s)或 HT200($v > 30$ m/s)。转速较高时可用铸钢或钢板冲压焊接结构；小功率时可用铸铝或塑料，本课题为了方便计算带轮轴的直径，初选 Q215 钢。

(11) 带轮轴直径的计算。

$$d \geqslant \left(\frac{9.55 \times 10^6 \times P}{0.2 \cdot [\tau_T] \cdot n}\right)^{\frac{1}{3}} = C \times \left(\frac{P}{n}\right)^{\frac{1}{3}}$$

式中：C 为由轴的材料和承载情况确定的常数；P 为轴所传递的功率，单位为 kW；n 为轴的转速，单位为 r/min；$[\tau_T]$ 为许用切应力，单位为 MPa，查表 8-2 可得。

表 8-2　轴的许用切应力 $[\tau_T]$ 和材料系数 C

材料	Q215，20	Q275，35	45	40Cr 等高强度钢
$[\tau_T]$MPa	12～20	20～35	30～40	40~52
C	134～158	117～134	106～117	97~106

带轮材料初选为 Q215 钢，计算轴的直径为

$$d = 158 \times \left(\frac{P}{n}\right)^{\frac{1}{3}}$$

(12) 带轮结构的选择。

当带轮基准直径 $d_d \leqslant (2.5 \sim 3)d$($d$ 为带轮轴的直径，单位为 mm)时，可采用实心式；当 $d_d \leqslant 300$ mm 时，可采用腹板式，且当 $d_d - d \geqslant 100$ mm 时，可采用孔板式；当 $d_d > 300$ mm 时，可采用轮辐式。

4. 线图的程序化处理

在设计中，需要用到大量的表示各参数之间关系的线图，包括各种曲线图，其中直线和折线常用于对数坐标上，在直角坐标上大多是曲线。对数表可采用数表化和公式化处理。

1) 图数表化

对曲线进行离散化处理，从线图中选择出足够量的抽样点，构成列点函数。选点时应使各节点的函数值不致相差太大，当曲线变化较大或要求较高时，抽样点取得稠密一些，当曲线变化较平稳或设计要求较低时，可将节点取得稀松一些。选好节点后再向 x、y 轴做垂线，找出一一对应的坐标，然后再采用数表处理的方法来处理。

2) 线图公式化

对于原来已有计算公式的线图或数表，直接用公式来编制程序。对于线图是由直线或折线组成的，可拟合成直线方程或指数方程。有些图采用的是对数坐标，应将坐标值取对数后再进行计算。

5. 程序流程图及程序中主要符号对照表

(1) 程序流程图(如图 8-2 所示)。

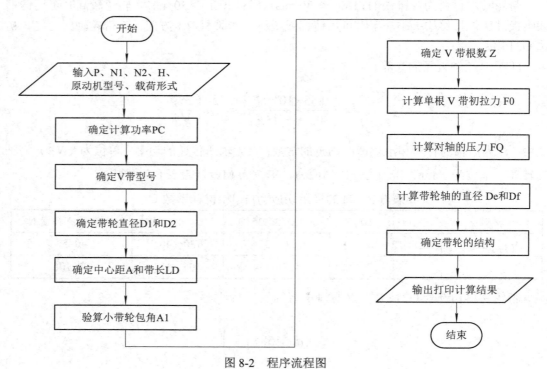

图 8-2　程序流程图

(2) 主要符号对照表(如表 8-3 所示)。

表 8-3　主要符号对照表

符号名称	程序符号	公式符号	单　位	备　注
主动轮转速	N1	n_1	r/min	输入
从动轮转速	N2	n_2	r/min	输入
工作情况系数	KA	K_A		直接引用
计算功率	PC	P_{ca}	kW	输出
小带轮基准直径	D1	d_{d1}	mm	输出
大带轮基准直径	D2	d_{d2}	mm	输出
带速	V	v	m/s	输出
初选中心距	A0	a_0	mm	
带的计算基准长度	L0	L_0	mm	
带的基准长度	LD	L_D	mm	输出
中心距	A	a	mm	输出
最大中心距	Amax	a_{max}	mm	
最小中心距	Amin	a_{min}	mm	
V 带根数	Z	z	根	输出
单根 V 带额定功率	P0	P_0	kW	直接引用
额定功率增量	P01	P_{01}	kW	直接引用
包角系数	KA1	K_a		直接引用
长度系数	KL	K_L		直接引用
小带轮轴径	De	d_e	mm	输出
大带轮轴径	Df	d_f	mm	输出

6. 主要界面

带轮参数设计计算的主界面如图 8-3 所示。

图 8-3　主界面

在图 8-3 中点击【进入】按钮就能进入图 8-4 界面，输入已知的工作参数，单击【下一步】按钮，就会进入带轮带型的选择界面，如图 8-5 所示。

图 8-4　参数设计计算窗体

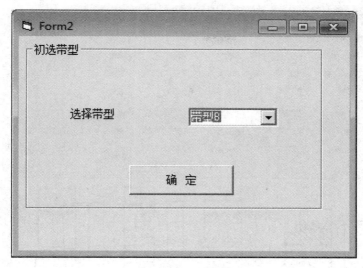

图 8-5　带型选择窗体

单击图 8-5 中【确定】按钮，就自动进入中心距窗口的选择(如图 8-6 所示)，输入在给定范围内的中心距 400 后，单击中心距窗口【OK】按钮，进入转速确定的界面，如图 8-7 所示，选择转速，单击【确定】按钮，系统计算出带轮的具体参数，如图 8-8 所示。

图 8-6　选择带轮中心距

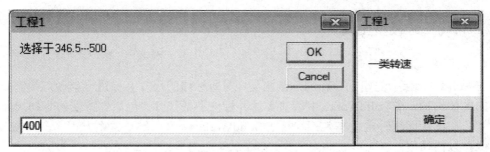

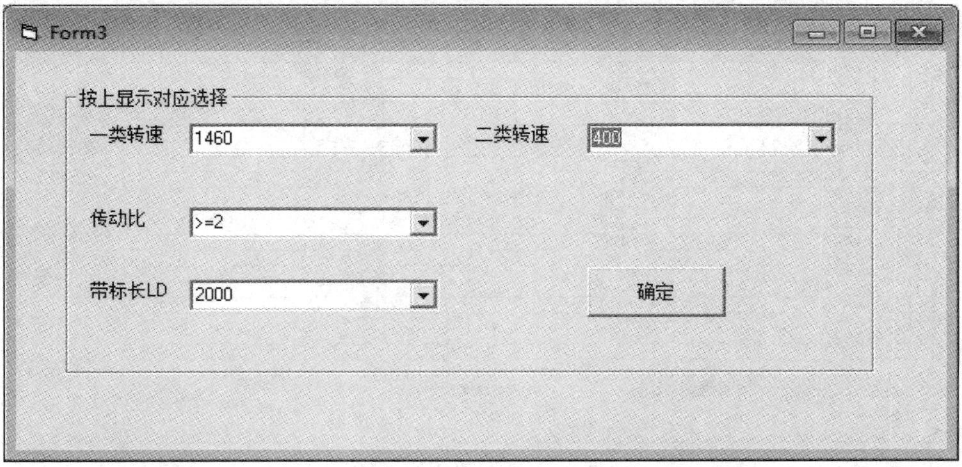

图 8-7　选择转速

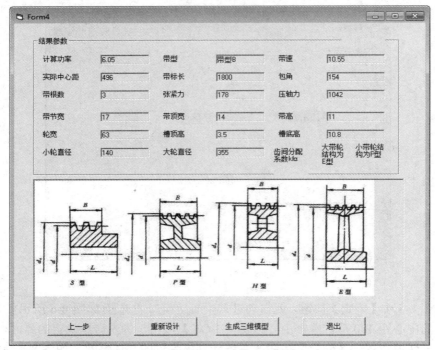

图 8-8　带轮生成参数窗体

8.3.2　带轮三维模型生成

1. 程序实现

在 SolidWorks 中先建立带轮的三维模型，对所标注的尺寸名称进行修改。首先分析要建立的实体结构，在 SolidWorks 中创建实体并标注参数尺寸，包括各特征的驱动尺寸与草图尺寸，在尺寸标注时定义其名称，并在 SolidWorks 中添加尺寸关系方程式，如图 8-9 所示，保存以便调用。

	名称	数值/方程式	估算到	评论
1	"D1@草图1"	= "dr@草图1"	159.2mm	
2	"D2@草图1"	= "ha@草图1" + "dd8草图1"	181mm	
3	"ds@草图1"	= "dd@草图1" / 5	35.5mm	
4	"dh@草图1"	= "ds@草图1" * 2	71mm	
5	"D3@草图1"	= "dh@草图1"	71mm	
6	"d0@草图5"	= "dd@草图1" * 1.2	213mm	
7	"d00@草图5"	= "dd@草图1" / 4	44.38mm	
8	"e@阵列(线性)1"	= "b@草图3" + 2	19mm	
9	"BB@草图1"	= ("D1@草图6" - 1) * "e@阵列(线性)1" + 2 * "f@草图"	63mm	
10	"L@草图1"	= "BB@草图1" - 4	59mm	
11	"D4@草图1"	= "BB@草图1" / 2	31.5mm	
12	"D5@草图1"	= "BB@草图1" * 0.25	15.75mm	
13	"D6@草图1"	= "D5@草图1" / 2	7.88mm	
14	"D7@草图1"	= "L@草图1" / 2	29.5mm	
15	"z@阵列(线性)1"	= "D1@草图6"	3	
16	"ds@草图1"	= "ds@草图1" + 4.3	39.8mm	
17	"D1@草图2"	= "ds@草图1" - 4	31.5mm	
18	"D2@草图2"	= "D1@草图2" / 2	15.75mm	

图 8-9　尺寸关系方程式

程序实现的具体流程如图 8-10 所示。

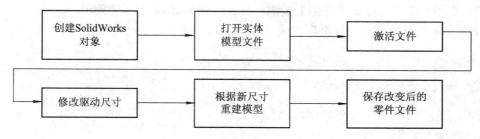

图 8-10　具体流程

实现三维模型函数的主要程序代码为：

```
Sub ParametricSub(ByVal dd_Passed As Double,
                  ByVal ha_Passed As Double,
                  ByVal h_Passed As Double,
                  ByVal dr_Passed As Double,
                  ByVal D1_Passed As Double,
                  ByVal f_Passed As Double,
                  ByVal b_Passed As Double)
    Dim swApp As Object
    Dim Part As Object
    MyPath = CurDir
    Set swApp = CreateObject("SldWorks.Application")
    swApp.Visible (True)
    Set Part = swApp.OpenDoc(MyPath + "\Parametric.SLDPRT",    swDocPART)
    If Part Is Nothing Then
        Exit Sub
    Else
        Set Part = swApp.ActivateDoc("Parametric.SLDPRT")

    Part.Parameter("dd@草图 1").SystemValue = dd_Passed / 1000
    Part.Parameter("ha@草图 1").SystemValue = ha_Passed / 1000
    Part.Parameter("dr@草图 1").SystemValue = dr_Passed / 1000
    Part.Parameter("h@草图 3").SystemValue = h_Passed / 1000
    Part.Parameter("D1@草图 6").SystemValue = D1_Passed / 1000
    Part.Parameter("f@草图 3").SystemValue = f_Passed / 1000
    Part.Parameter("b@草图 3").SystemValue = b_Passed / 1000
    Part.EditRebuild
    Part.Save
```

2. 界面操作

单击图 8-8 中【生成三维模型】按钮，会打开预先建立的 SolidWorks 模型，以计算出的参数修改模型中的尺寸，并重新生成三维模型，如图 8-11 所示。

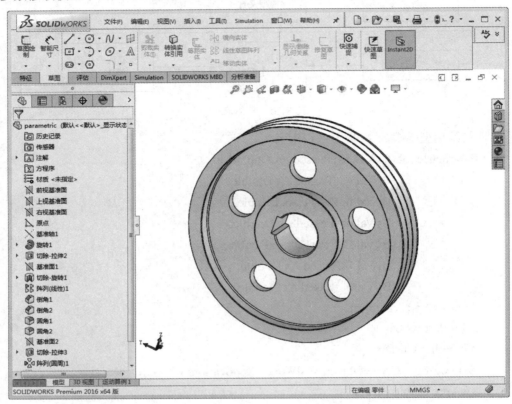

图 8-11　生成带轮三维模型

第 9 章　逆向工程建模技术

【本章导读】

　　本章介绍如何利用逆向工程技术实现零件设计过程的混合建模，主要内容包括数据处理、多边形编辑、曲面建模、特征参数提取、导出到正向建模软件。通过本章内容的学习，读者应掌握逆向工程数据处理、曲面建模的基本过程，能够了解常见机械零件正逆向混合建模的操作要点。

【本章知识点】

　➤　点云数据处理
　➤　多边形编辑
　➤　曲面建模
　➤　混合建模

9.1　逆向工程技术

　　包含逆向工程技术的混合建模是工程领域常用的一种设计方法，首先测量样品获得初步的三维数据信息，在逆向建模软件中进行数据处理、重构，提取出特征参数导入到正向设计软件进行编辑、修改和实体建模。混合建模能有效地反求产品原始设计思想，有利于设计优化工作。Geomagic Studio 是 Geomagic 公司开发的一款逆向软件产品，可根据实物零部件扫描点的点云，将三维扫描数据和多边形网络转换成精确的三维数字模型，并可以输出成各种行业标准格式，包括 STL、IGES、STEP 和 CAD 等众多文件格式，可满足严格要求的逆向工程、产品设计和快速原型的需求，为 CAD/CAE/CAM 工具提供互补。

9.2　点云数据处理

　　点云数据处理主要目的是去掉扫描过程中产生的杂点、噪音点。

9.2.1　打开点云数据

　　启动 Geomagic Studio 软件，选择菜单栏【文件】|【打开】命令或单击工具栏上的【打

开】图标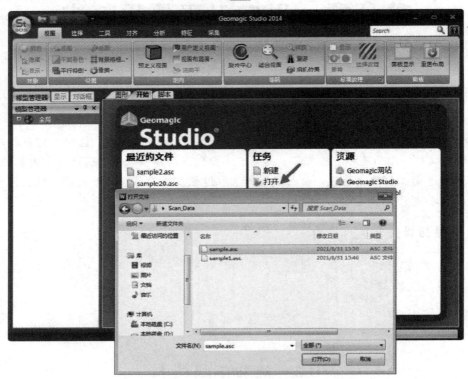，系统弹出【打开文件】对话框，如图 9-1 所示，查找数据文件地址并选中"sample.asc"文件，然后点击【打开】按钮，在【文件选项】对话框设定【采样】栏中【比率】为100%，点击【确定】，在工作区显示点云如图 9-2 所示。为了更加清晰、方便地观察点云的形状，点击工具栏下【着色】按钮，对点云进行着色，如图 9-3 所示。

图 9-1　打开文件

图 9-2　显示点云数据

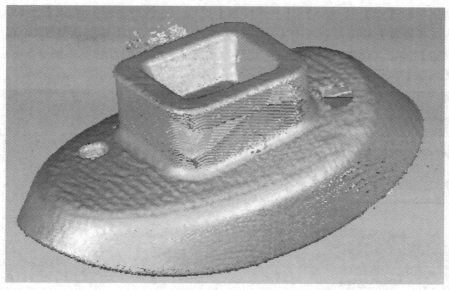

图 9-3　点云着色

9.2.2　删除孤点与非连接项

点击菜单栏【点】|【选择】|【体外孤点】选项，在管理面板中弹出【选择体外孤点】对话框，设置【敏感度】为 100.0，单击【确定】按钮。此时体外孤点被选中，呈现红色，如图 9-4 所示。选择工具栏【删除】按钮，删除选中的点。此命令操作 2～3 次。

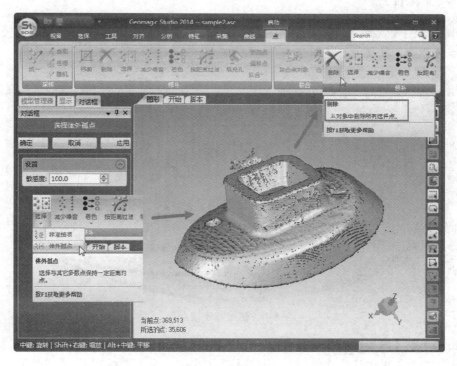

图 9-4　删除孤点

　　点击菜单栏【点】|【选择】|【非连接项】选项，在管理面板中弹出【选择非连接项】对话框，在【设置】的下拉列表中【分隔】选择"低"，【尺寸】按默认值 5.0 mm，点击上方的【确定】按钮。此时，点云中的非连接项被选中，并呈现红色，如图 9-5 所示。选择工具栏【删除】按钮，删除选中的点。

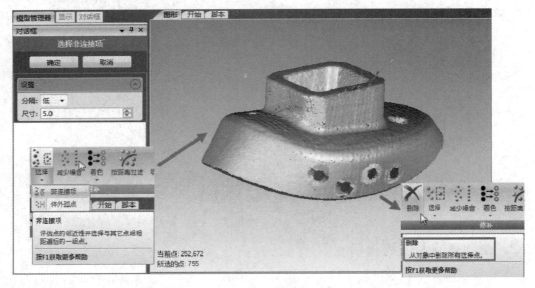

图 9-5　删除非连接项

9.2.3　减少噪音点

　　点击工具栏【选择工具】，配合工具栏中的【删除】按钮一起使用，手动将模型一些非连接点云删除，如图 9-6 所示。

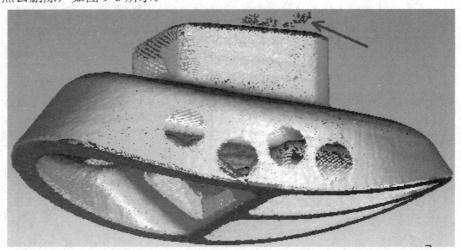

图 9-6　删除非连接点云

　　点击菜单栏【减少噪音】按钮 ⬚⬚，在管理面板中弹出【减少噪音】对话框，如图 9-7 所示。在【参数】栏中选中【棱柱形(积极)】，【平滑度水平】滑标到无，【迭代】为 5，【偏差限制】为 0.05 mm；在【预览】栏中，设置【预览点】为 3000，勾选【采样】复选框。单击【确定】按钮，退出对话框。

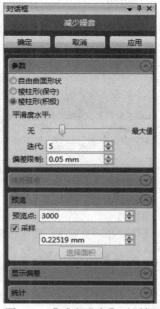

图 9-7　【减少噪音】对话框

9.2.4　统一采样封装

　　点击工具栏的【统一】按钮 ，出现如图 9-8 所示【统一采样】对话框，在【输入】栏中选中【绝对】，在【间距】输入框中输入 0.2 mm，在【优化】栏中将【曲率优先】拉到中间，点击【应用】|【确定】。在保留物体原来面貌的同时减少点云数量，便于删除重叠点云，稀释点云。

图 9-8　【统一采样】对话框

点击菜单栏【封装】按钮，系统弹出如图9-9所示的【封装】对话框，该命令对点云进行封装计算，使点云数据转换为多边形模型。在【采样】栏中可以对目标三角形的数量进行设定，目标三角形数量设置得越大，封装之后的多边形网格则越紧密；最下方的滑杆可以调节采样质量的高低，可根据点云数据的实际特性进行设置。单击【确定】按钮，点云数据转换为多边形模型，如图9-10所示。

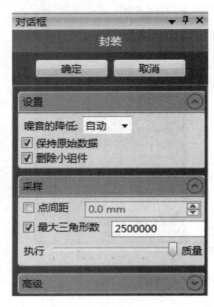

图9-9　【封装】对话框

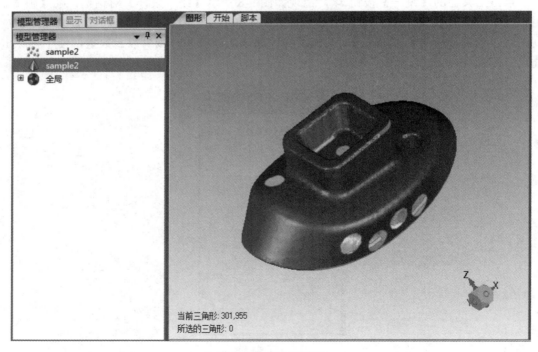

图9-10　多边形模型

9.3　多边形编辑

多边形编辑的目的是将封装后的三角面片数据处理光顺、完整。

9.3.1　填充孔

点击多边形工具栏【填充单个孔】图标，点击待修补孔的边界，呈绿色显示。鼠标移到一个孔边线，边线呈红色，左键点击，系统将红色显示修补孔，如图 9-11(a)所示。按 ESC 键退出命令，修补结果如图 9-11(b)所示。同样操作可以完成模型上所有孔的修补。

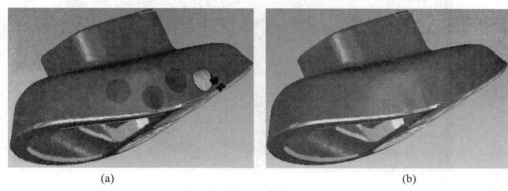

　　　　　　　　(a)　　　　　　　　　　　　　　　　　　　　　(b)

图 9-11　填充孔

9.3.2　去除特征

对有问题的区域可以作去除特征操作。如图 9-12(a)所示方框区域不平整，点击【画笔选择工具】图标，将目标区域涂满，如图 9-12(b)所示，再点击多边形工具栏的【去除特征】图标，系统将自动根据红色区域周围的曲率变化进行光顺，结果如图 9-12(c)所示。对有问题的区域重复操作去除特征，将模型表面进行光顺。

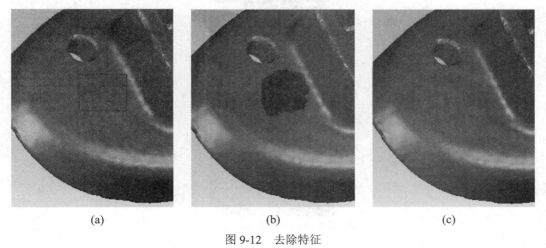

　　　(a)　　　　　　　　　　　(b)　　　　　　　　　　　(c)

图 9-12　去除特征

9.3.3　网格医生

点击多边形工具栏【网格医生】图标，系统显示【网格医生】对话框，如图 9-13 所示。软件将自动选中有问题的网格面，点击【应用】按钮，再点击【网格医生】对话框中的【删除钉状物】图标，点击【确定】按钮，系统即可修复网格。

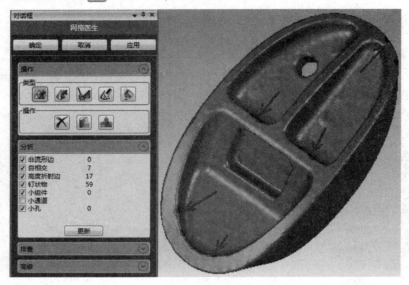

图 9-13　【网格医生】修复网格

9.3.4　松弛、简化多边形

点击多边形工具栏【松弛】图标，在弹出的【松弛多边形】对话框中将【强度】拉至第二格，点击【应用】按钮，如图 9-14 所示。该命令用于最大限度减少单独多边形之间的角度，使多边形网格更加光滑。

图 9-14　【松弛多边】形对话框

点击多边形工具栏【简化】图标，出现如图 9-15 所示对话框，在【减少到百分比】输入框中输入 70，勾选【固定边界】，点击【确定】按钮。该命令用于减少三角形数量但不影响其细节，勾选【固定边界】将在边界区域保留更多三角面。

将处理后的三角面片数据文件保存为 ".stl" 格式的文件。

图 9-15　【简化】对话框

9.4　曲面建模

曲面建模的过程为：首先根据曲面的曲率变化，生成轮廓线，并对轮廓线进行编辑达到理想效果，通过轮廓线的划分将整个模型分为多个曲面；其次根据轮廓线进行延伸并编辑，通过对轮廓线的延伸，完成各个曲面之间的连接；最后对各个曲面进行拟合，得到最后的 CAD 曲面。

9.4.1　自动曲面化模型

点击菜单栏【精确曲面】下的【精确曲面】图标，开始进入曲面编辑状态。点击【自动曲面化】图标，出现【自动曲面化】对话框，点击【应用】按钮，系统自动生成 NURBS 曲面模型，如图 9-16 所示。点击【精确曲面】工具栏下的【偏差】图标【偏差】图标，弹出【偏差分析】对话框，点击【应用】按钮，系统给出 NURBS 曲面模型的误差分析，如图 9-17 所示。

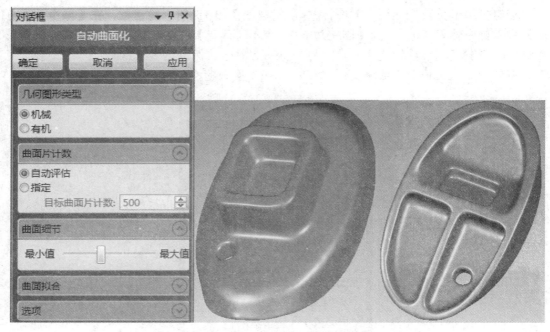

图 9-16　NURBS 曲面模型

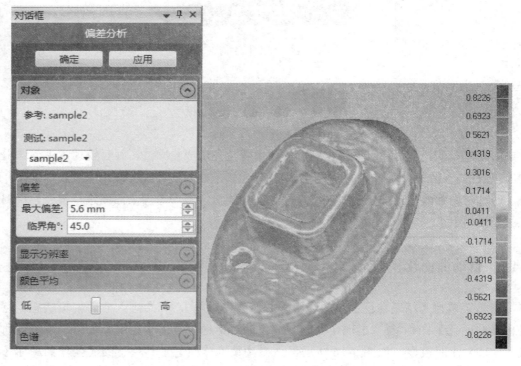

图 9-17　NURBS 曲面模型的偏差

点击工具栏【精确曲面】|【曲面】|【转换】下拉列表，选择【到 CAD 对象】，弹出如图 9-18 所示消息框，点击【是】按钮，生成 CAD 模型。右键目录树中生成的模型，选

择【保存…】，可以将模型保存为指定格式的文件，如图 9-19 所示，便于其他软件读取模型数据进行后续的操作。

图 9-18 生成 CAD 模型

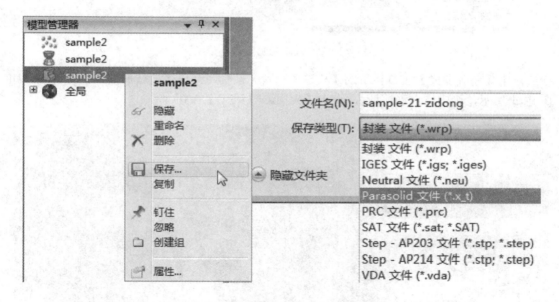

图 9-19 保存为指定格式的模型文件

NURBS 曲面模型全程由软件自动生成，用户难以参与或修改其参数，因此有一定的局限性。Geomagic Studio 软件可以采用探测曲率和探测轮廓线两种方法实现精确曲面建模。下面将介绍如何采用探测曲率方法实现曲面建模。

9.4.2 手动曲面建模

点击菜单栏【精确曲面】下的【精确曲面】图标，开始进入形状编辑状态。点击【精确曲面】工具栏下的【探测曲率】图标，弹出【探测曲率】对话框，勾选【自动评估】复选框,【曲率级别】设为 0.3,并勾选【简化轮廓线】复选框,如图 9-20 所示,在对话框中点击【应用】按钮,系统将自动计算高曲率带,点击【确定】退出。点击【精确曲面】工具栏下的【松弛轮廓线】图标![icon],系统将自动松弛全部轮廓线。

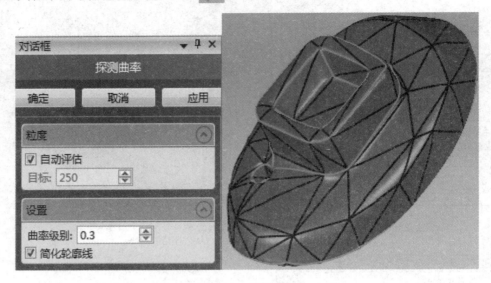

图 9-20　探测曲率

点击【精确曲面】工具栏下的【构造曲面片】图标,弹出【构造曲面片】对话框,如图 9-21 所示,选中【自动估计】,点击【应用】|【确定】按钮。

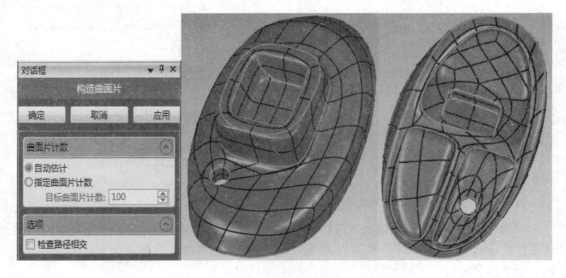

图 9-21　构造曲面片

点击【精确曲面】工具栏下的【修理曲面片】图标![icon],弹出【修理曲面片】对话框,如图 9-22 所示,点击轮廓线(橘红色)上的绿色顶点,并按住左键拖动顶点到正确位置,点击【确定】退出命令。

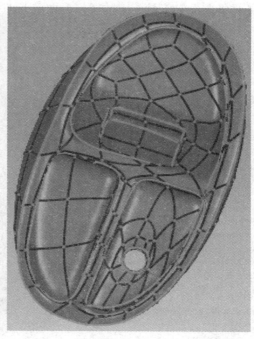

图 9-22　修理曲面片

　　点击【精确曲面】工具栏下的【移动曲面片】图标，弹出【移动曲面片】对话框，对曲面片进行重新排布。点击【精确曲面】工具栏下的【松弛曲面片】图标，系统将自动松弛高曲率和褶皱较多曲面片。

　　点击【精确曲面】工具栏下的【构造格栅】图标，弹出【构造格栅】对话框，如图 9-23 所示，点击【应用】生成栅格，点击【确定】退出命令。

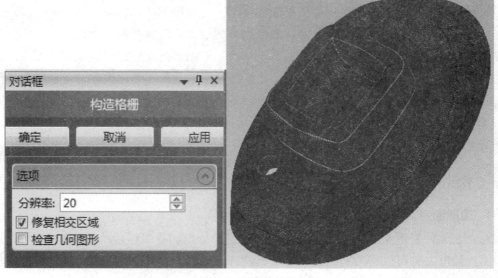

图 9-23　构造格栅

点击【精确曲面】工具栏下的【拟合曲面】图标，弹出【拟合曲面】对话框，如图 9-24 所示，选择【常数】拟合方法，【控制点】设为 12，【表面张力】设为 0.25，点击【应用】生成曲面模型，点击【确定】退出命令。在左边管理器面板中，右键选择【保存】，保存时选择相应目录并输入名与文件类型。至此手动曲面建模完成。

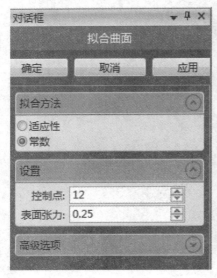

图 9-24　拟合曲面

9.5　正逆向混合建模

前面操作所保存的文件可以直接导入数控编程软件进行 CAM 操作，或者作为有限元分析的对象进行模拟仿真。由于模型是曲面模型，可以用 UG/CREO/SolidWorks 等三维软件打开，但是修改或编辑模型相关特征参数的难度较大。机械零件设计比较注重零件特征的参数化及可编辑性，对特征参数要求便于修改。因此前面建立的模型在实际工程应用中受到很大的限制。Geomagic Design X 是业界普遍使用的正逆向建模软件，能结合基于历史树的 CAD 数模和 3D 扫描数据处理创建出基于特征的 CAD 可编辑模型，并与现有的 CAD 软件兼容，可以有效克服前述建模的不足，所建模型便于修改，易于工程应用。

下面介绍利用 Geomagic Design X 软件实现零件的参数化混合建模。

9.5.1　模型准备

1. 读取面片文件

对点云文件采用 9.2 节、9.3 节所述的方法进行处理，并保存为 "stl" 格式文件。这种三角面片数据文件可以作为初始的模型数据文件读取到 Geomagic Design X 软件中，作为逆向建模的依据。图 9-25 为导入的初始数据文件 "Die.stl"。

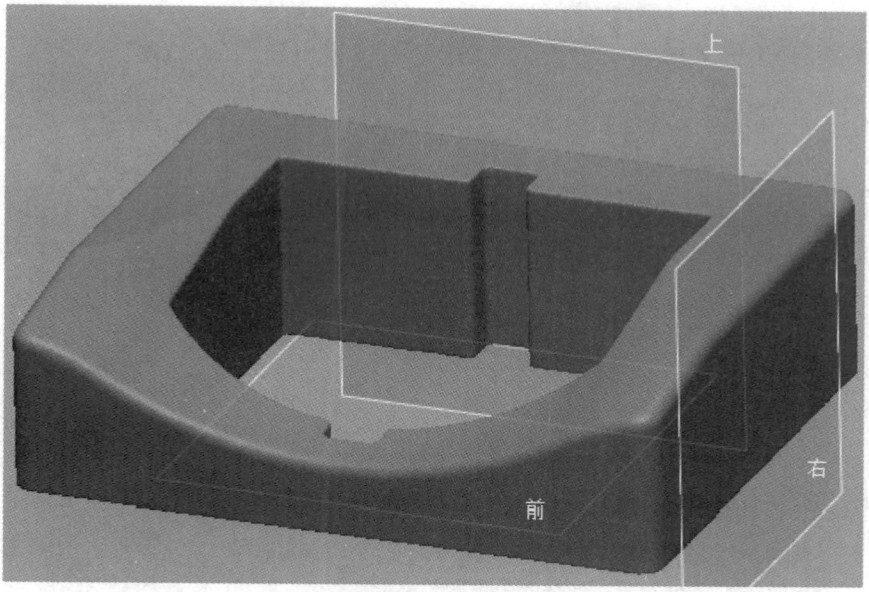

图 9-25　读取文件模型

2. 对齐坐标系

因所导入的模型坐标系与系统的坐标系不一致，为便于后续的建模操作，需将模型对齐到系统坐标系。模型外轮廓是结构对称的方形零件，下面将系统上视基准面与右视基准面作为模型的对称面，系统前视基准面与模型底面重合。

首先隐藏系统的三个基准面。点击视图上方工具栏画笔工具，在模型底面涂刷，继续点击菜单栏【模型】|【平面】，出现【追加平面】对话框，如图 9-26 所示，点击确定按钮，生成平面 1，如图 9-27 所示。

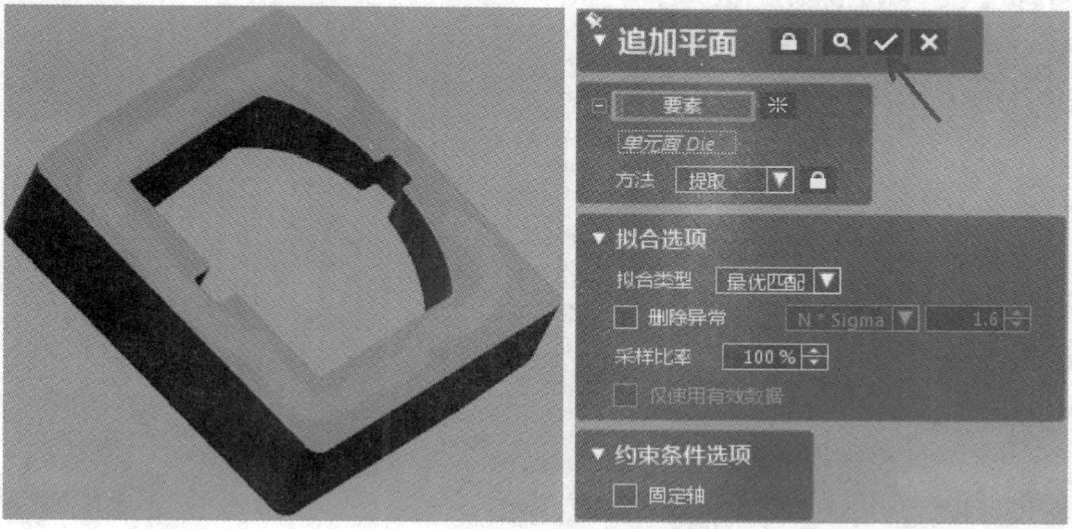

图 9-26　【追加平面】对话框

图 9-27　新建平面 1

　　点击【草图】|【面片草图】,提升平面 1 到合适位置截取模型轮廓线,如图 9-28 所示,点击确定按钮✓,生成草图 1;点击【自动草图】按钮🖉,选取模型外轮廓边线,系统自动绘出矩形。点击【草图】|【直线】,绘制水平与竖直的两条直线,通过标注尺寸使两条直线成为矩形的对称中心线。删除矩形并退出草图,结果如图 9-29 所示。

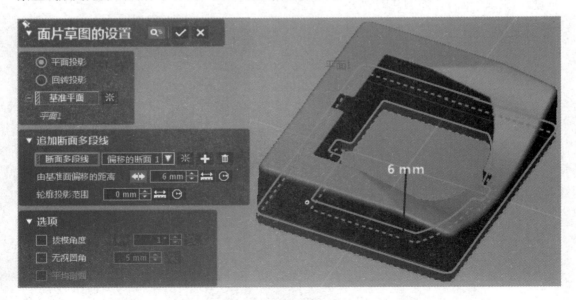

图 9-28　截取模型轮廓线

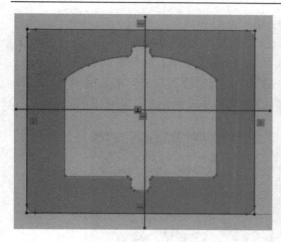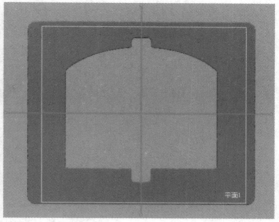

图 9-29　面片草图

　　点击菜单栏【模型】|【创建曲面】|【拉伸】，将草图 1 的两直线拉伸成曲面，如图 9-30
所示。点击【模型】|【点】，选择草图 1 中的两直线，点击确定按钮✔，生成点 1，如图
9-31 所示。

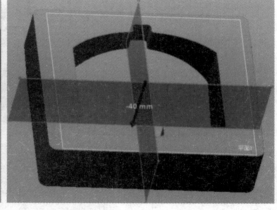

图 9-30　直线拉伸成面

图 9-31　生成点 1

点击【对齐】|【手动对齐】，系统弹出【手动对齐】对话框，如图 9-32(a)所示。点击【下一步】按钮→，出现【手动对齐】参数设置对话框，如图 9-32(b)所示。在【移动】栏目中：单选框选择【x-y-z】项目；【位置】选择【点 1】；【X 轴】选择草图 1 中的边线 1；【Y 轴】选择草图 1 中的边线 2。点击确定按钮✓，系统将模型对齐。右键目录树中的操作记录，选择【删除】。系统显示基准面，模型已对准到系统坐标系，如图 9-33 所示。

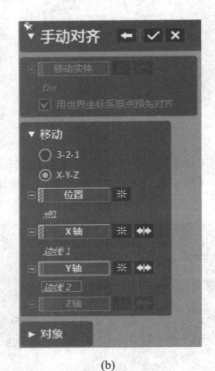

(a)　　　　　　　　　　　　　　　　　(b)

图 9-32　【手动对齐】对话框

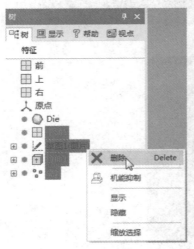

图 9-33　模型对齐坐标系

3. 领域组

点击工具栏中的【领域组】|【自动分割】，出现【自动分割】对话框，如图 9-34(a)所示设置选项，点击确定按钮✔，系统自动用不同颜色区分领域，如图 9-349(b)所示。

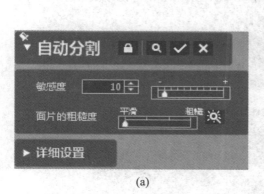 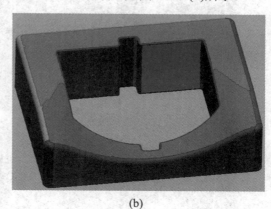

(a)　　　　　　　　　　　　(b)

图 9-34　分割领域组

9.5.2　逆向建模

1. 面片草图

在上视基准面创建面片草图，点击【草图】|【面片草图】，选择上视基准面，拖拽箭头到 3 mm，如图 9-35 所示，点击确定按钮✔，得到截面轮廓线。点击【自动草图】按钮，选择内外轮廓线建立草图 1，点击确定按钮✔，结束命令。

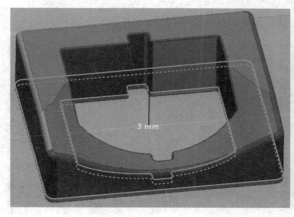 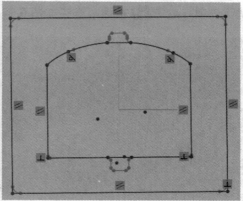

图 9-35　面片草图

2. 拉伸

显示面片，点击菜单栏【模型】|【拉伸】，出现【拉伸】对话框，选择特征树的草图 1 作为基准草图。在【拉伸】对话框中，【方向】栏目下【方法】选择"到领域"，【详细方法】设置为"用领域拟合的曲面剪切"，选择面片的上表面，点击确定按钮✔，如图 9-36 所示。

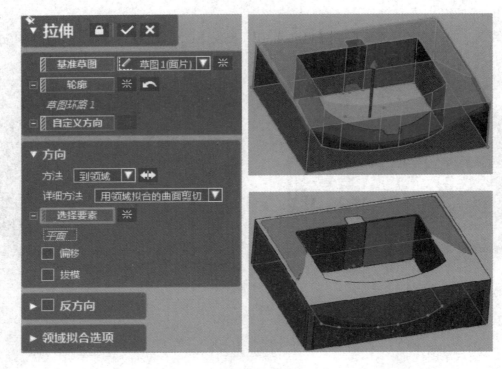

图 9-36　拉伸

3. 面片拟合曲面

隐藏实体，点击【面片拟合】按钮 ◇，根据领域创建拟合曲面。选择下方领域，用默认选项，点击 ✓ 按钮，结果如图 9-37 所示。

图 9-37　拟合曲面

4. 曲面切割

隐藏面片，点击【剪切】按钮 。在【切割】对话框中，选择【面片拟合 1】作为工具要素，选择【拉伸 1】作为对象体，如图 9-38 所示。点击【下一步】 按钮，选择残留体(上侧部分)，点击 ✓ 按钮。隐藏曲面，结果如图 9-39 所示。

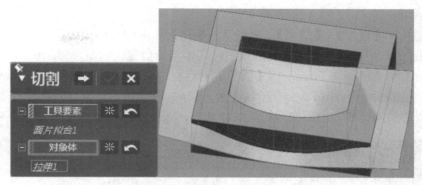

图 9-38　曲面切割工具

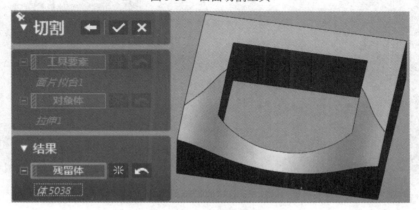

图 9-39　曲面切割结果

5. 拉伸切除

在上视基准面创建面片草图，点击【草图】|【面片草图】，选择上视基准面，拖拽箭头到合适位置以截取模型轮廓线，如图 9-40 所示绘制草图 2。点击菜单栏【模型】|【拉伸】，选择特征树的草图 2 作为基准草图，在出现的对话框中【方法】选择"距离"，【长度】设置为 40 mm，勾选【剪切】选项，点击确定按钮，结果如图 9-41 所示。

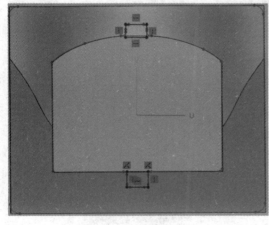 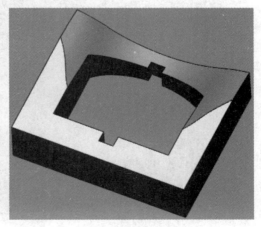

图 9-40　拉伸切除草图　　　　　　　　　图 9-41　拉伸切除结果

6. 倒圆角

点击工具栏【模型】|【圆角】。选择上一步矩形拉伸切除的边线，点击【由面片估算半径】按钮，根据面片自动计算圆角半径。本例的数值大约是 1.532 mm，所以可以推测设计者的圆角半径是 1.5 mm，在【圆角】对话框中将半径数值更改为 1.5 mm，点击确定按钮，完成矩形拉伸切除部分的倒圆角，如图 9-42 所示。同样依次选择上表面的外轮廓线、四个侧面棱线、上表面内轮廓线分别进行圆角操作，最终结果如图 9-43 所示。

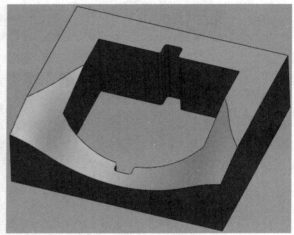

图 9-42　矩形拉伸切除部分倒圆角

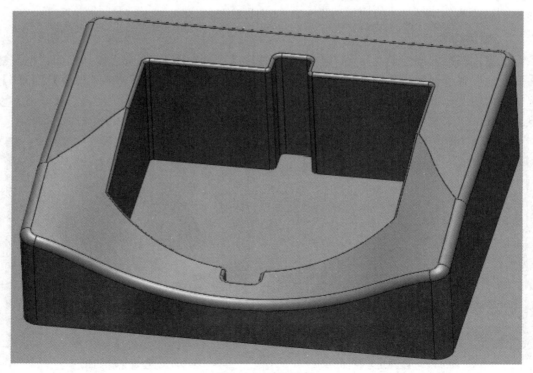

图 9-43　最终模型

在每一步倒圆角操作完成后，可以点击工具栏【体偏差】按钮 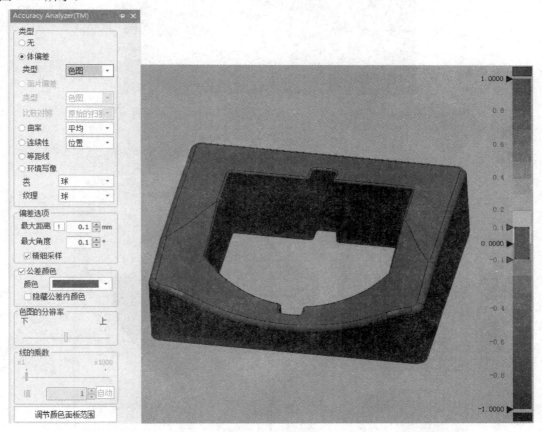，对圆角数据进行偏差分析，系统会自动与面片模型进行比对，超过设定偏差部分将会以指定的颜色显示，便于用户修改特征参数。

7. 偏差分析

点击工具栏选择【Accuracy Analyzer (TM)】，在出现的对话框中，勾选【体偏差】，【类型】选择"色图"，取消勾选【隐藏公差内颜色】，许可偏差内的数据将被显示为绿色，如图 9-44 所示。

图 9-44　偏差分析

若所建模型与初始的面片模型体偏差小于指定偏差，达到规定要求，则可以对所建的模型做后续的操作。通常可以将模型另存为指定格式的文件，供零件载荷分析、数控加工等相关操作使用，也可以将模型导入到其他的三维正向建模软件进行继续设计。Geomagic Design X 所建的模型与 UG、SolidWorks、CREO、CATIA 等主流 CAD/CAM 软件可以实现无缝对接，在正向建模软件中能够修改模型的特征参数，进行创新设计。下面将模型导出到 SolidWorks 软件，进行模型的再设计。

9.5.3　导出到正向建模软件

点击菜单栏【初始】|【SolidWorks】按钮 ，点击确定按钮 ，系统启动 SolidWorks

软件，并重现建模的具体过程，如图 9-45 所示。目录树中的特征参数可以修改、重建。

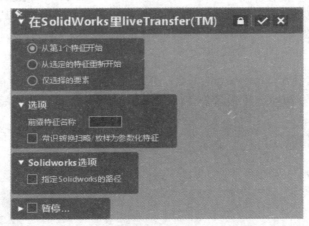

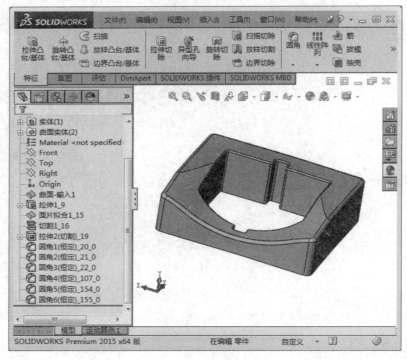

图 9-45　SolidWorks 模型

第 10 章　零件数控加工仿真

【本章导读】

　　本章介绍使用 Mastercam 软件实现零件数控加工的操作方法，主要内容包括机床群组设置、轮廓铣削、平面铣削、曲面加工及相关刀具、切削参数的设定方式，同时也对常见零件数控加工实现过程做了说明。通过本章内容的学习，读者应掌握常见机械零件的数控加工仿真，能够实现零件的自动编程。

【本章知识点】

　　➢ Mastercam 工具栏
　　➢ 机床群组设置
　　➢ 轮廓铣削
　　➢ 平面铣削
　　➢ 曲面粗加工
　　➢ 曲面精加工
　　➢ 钻孔操作

10.1　Mastercam 简介

　　Mastercam 是美国 CNC Software Inc.开发的基于 PC 平台的 CAD/CAM 软件。它集二维绘图、三维实体造型、曲面设计、体素拼合、数控编程、刀具路径模拟及真实感模拟等多种功能于一体，不但具有强大稳定的造型功能，可以设计出复杂的曲线、曲面零件，而且具有强大的曲面粗加工及灵活的曲面精加工功能。其可靠刀具路径校验功能可模拟零件加工的整个过程，广泛应用于通用机械、航空、船舶、军工等行业的设计与 NC 加工中，是工业界及学校普遍推广的 CAD/CAM 系统。

10.1.1　三维模型

　　将 SolidWorks 软件强大的三维造型功能和 Mastercam 软件杰出的 CAM 功能结合起来，实现零件的加工，是当前流行的 CAD/CAM 技术路线。首先利用 SolidWorks 构建待加工零件的三维模型，如图 10-1 所示，然后将其导出为 Parasolid 格式的后缀名为 "x_t" 的文件，Mastercam 可以识别并读取该类文件，进行数控加工的操作。

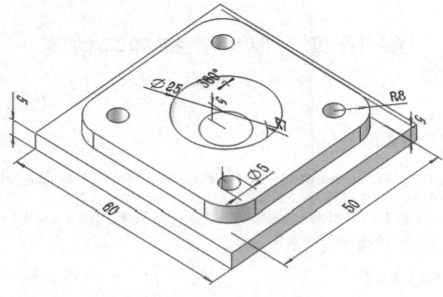

图 10-1　待加工零件模型

10.1.2　零件加工分析

根据模型尺寸，可设定毛坯尺寸为 64 mm × 64 mm × 11 mm，主要加工任务如下：

(1) 铣平面；

(2) 铣 60 mm × 60 mm 外轮廓；

(3) 粗铣 50 mm × 50 mm 外轮廓；

(4) 铣曲面圆形槽；

(5) 钻孔 4 × ϕ5；

(6) 铣平面，保证厚度尺寸。

在实际加工中，需要根据零件标注的精度、公差等信息合理安排好粗加工、半精加工及精加工的加工方法、顺序及加工余量。本章只演示数控加工仿真实现的技术路线，并不涉及零件具体的工艺要求。

10.2　Mastercam 加工过程

10.2.1　机床群组设置

1. 打开模型

在 Mastercam 软件中单击【打开文件】按钮，在【打开】对话框中将待打开的文件类型选定为"Parasolid 文件",找到待加工零件的 .x_t 文件,单击 ✓ 打开,如图 10-2 所示。如图 10-3 所示,Mastercam 打开的模型文件默认为线框模型文件,点击工具栏按钮 ●,可以对模型进行上色显示。

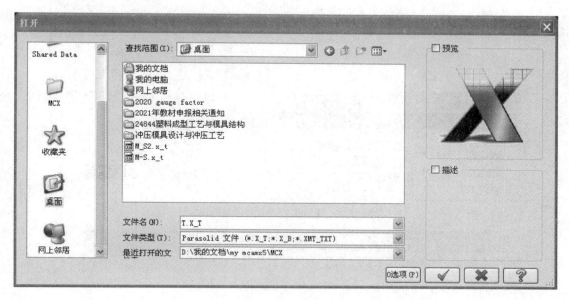

图 10-2 【打开】对话框

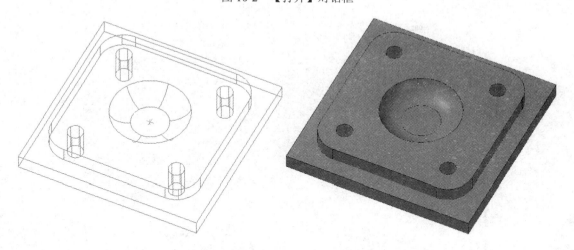

图 10-3 Mastercam 打开模型文件

2. 机床群组设置

在【机床类型】菜单下选择【铣床】|【默认】,打开【机床群组属性】对话框,如图 10-4 所示。单击【刀具设置】选项卡,在【刀具路径设置】栏下,选中【按顺序指定刀具号码】,如图 10-5 所示;单击【材料设置】选项卡,如图 10-6 所示,选择【B 边界盒】,弹出【边界盒选项】对话框如图 10-7 所示,设置 X、Y 参数均为 2.0,Z 参数为 1.0,单击 ✓ ,回到【材料设置】选项卡,毛坯 X、Y、Z 方向尺寸参数分别为 64、64、11。单击 ✓ ,

完成毛坯设置。

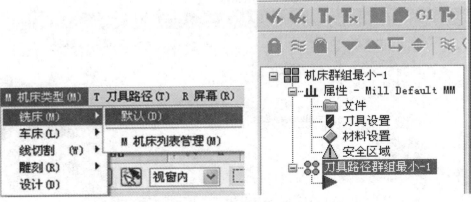

图 10-4 【机床群组属性】对话框

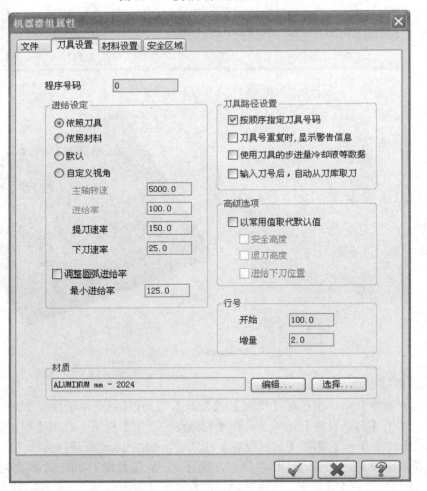

图 10-5 设置刀具号码

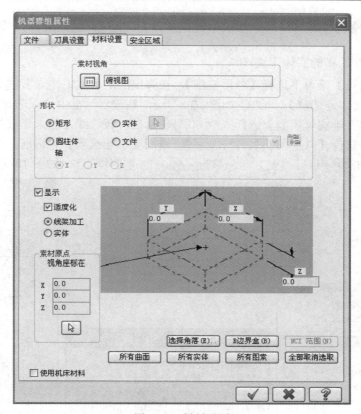

图 10-6　材料设置

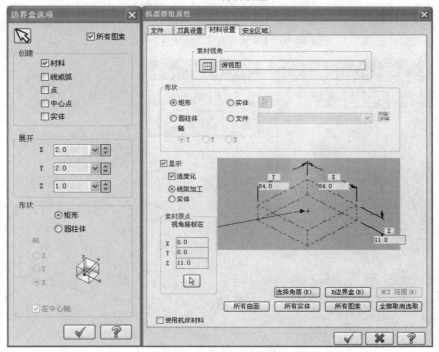

图 10-7　毛坯尺寸设置

10.2.2　铣外轮廓

1. 待加工外轮廓的实体串连

在【刀具路径】菜单下选择【外形铣削】，在弹出的对话框中输入名称"外形铣"后，单击 ✔ ，弹出【串连选项】对话框，如图 10-8 所示。在该对话框中依次选择【实体】、【3D】，并在被加工零件三维实体模型上选择 60×60 外轮廓的一条边线，若未形成封闭轮廓，则在弹出的对话框中选择【其他的面】，单击 ✔ ，返回【串连选项】对话框，选定串连方向为"顺时针"，点击 ↔ 可以改变方向。单击 ✔ ，完成实体串连，如图 10-9 所示。

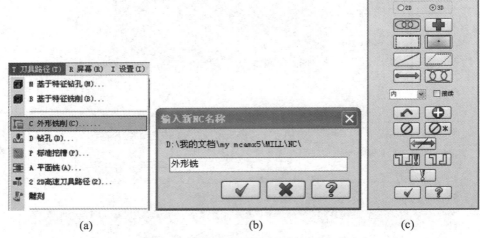

(a)　　　　　　　　　(b)　　　　　　　　　(c)

图 10-8　【串连选项】对话框打开方式

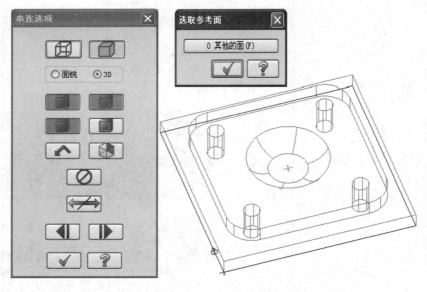

图 10-9　串连选项设置

2. 刀具参数设置

完成被加工轮廓实体串连后，系统自动弹出外形铣削参数设置对话框，即【2D 刀具路径-等高外形】对话框，如图 10-10 所示。点击对话框左侧目录树中的【刀具】，弹出如图 10-11 所示界面，点击【选择库中的刀具】按钮，出现如图 10-12 所示对话框，选择 219 号 ϕ10 平底立铣刀，单击 ✔️，回到图 10-13 所示的对话框，此时所选刀具出现在列表框中，继续在该对话框中设置【进给速率】、【主轴转速】、【下刀速率】等参数。

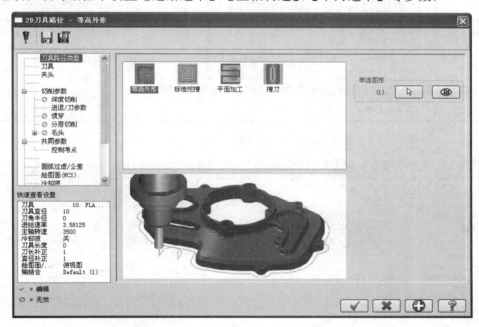

图 10-10　【2D 刀具路径-等高外形】对话框

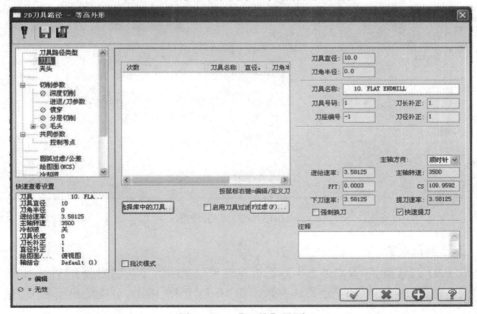

图 10-11　【刀具】界面

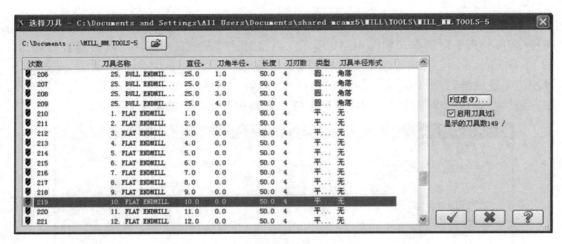

图 10-12　【选择刀具】对话框

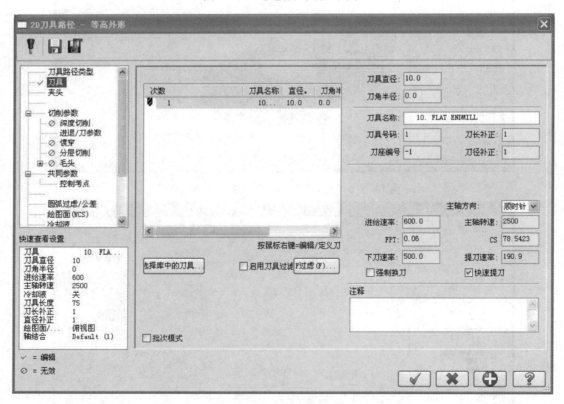

图 10-13　【刀具】设置

3. 工艺参数设置

点击【2D 刀具路径-等高外形】对话框左侧目录树中的【切削参数】，弹出如图 10-14 所示界面，按图 10-14 所示设定具体参数。图 10-15 至图 10-18 分别给出了各项切削参数的设定。

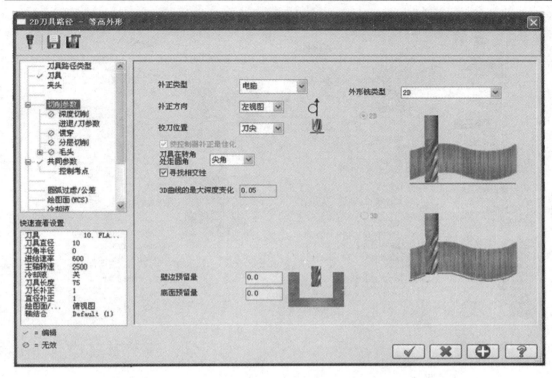

图 10-14　【切削参数】设置

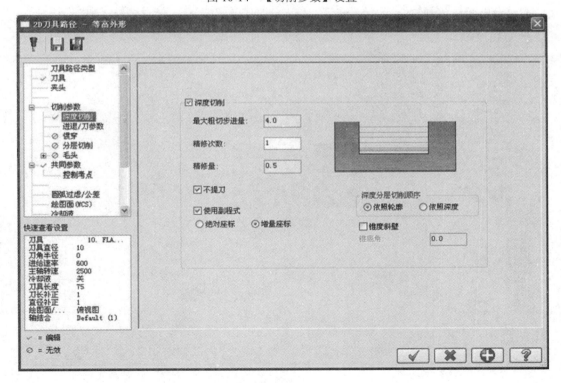

图 10-15　【深度切削】设置

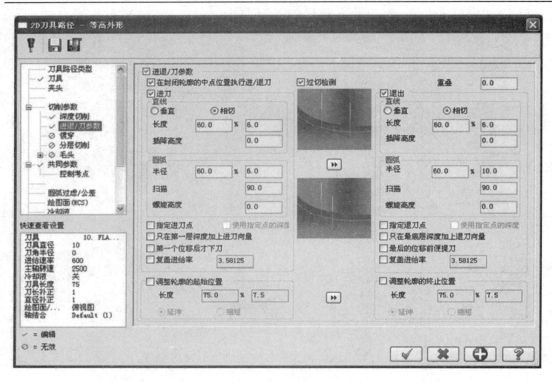

图 10-16　【进退/刀参数】设置

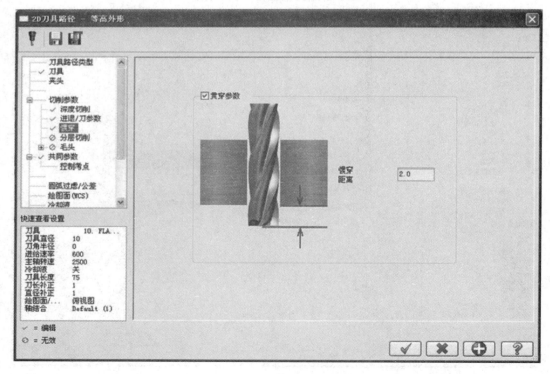

图 10-17　【惯穿】设置

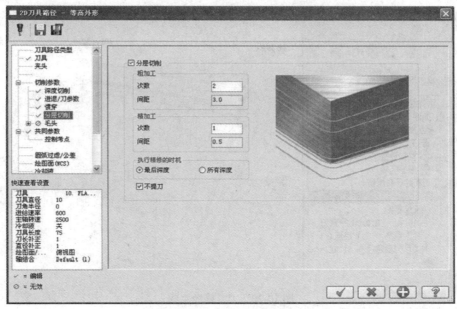

图 10-18 【分层切削】设置

4. 共同参数设置

点击【2D 刀具路径-等高外形】对话框左侧目录树中的【共同参数】，在图 10-19 中设定刀具的坐标参数，可以选择【绝对坐标】或【增量坐标】。设定工件表面绝对坐标为 11，切削深度绝对坐标为 0。单击 ✓ ，完成铣 60×60 外轮廓加工路径的生成，如图 10-20 所示。同样可以对 50×50 外轮廓进行设定，生成轮廓铣削的刀具路径，但需注意修改切削深度绝对坐标为 5，并修改图 10-17 中的贯穿参数为 0。

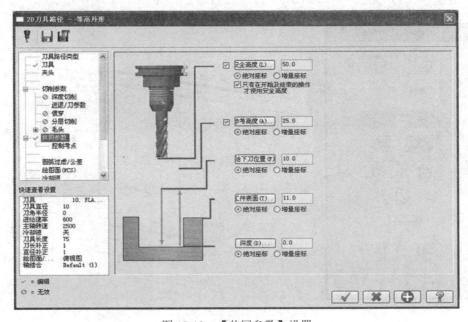

图 10-19 【共同参数】设置

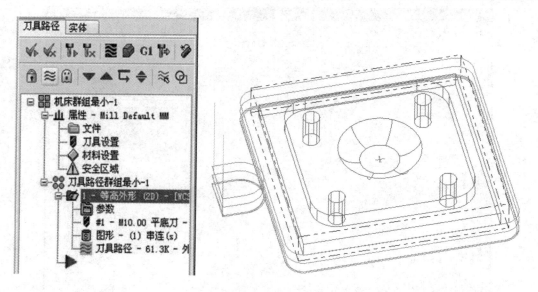

图 10-20　刀具路径生成

10.2.3　铣平面

1. 待加工轮廓的实体串连

点击图 10-20 所示【机床群组属性】对话框中的 ≋ 按钮，隐藏刀具轨迹，进行平面铣削的操作。点击菜单栏【刀具路径】|【平面铣】，弹出如图 10-21 所示【串连选项】对话框，选择零件上端面，串连边线选中后呈深色显示，并标出方向，点击 ⬅➡ 可以改变方向。单击 ✓ ，弹出如图 10-22 所示的【2D 刀具路径-平面加工】对话框。

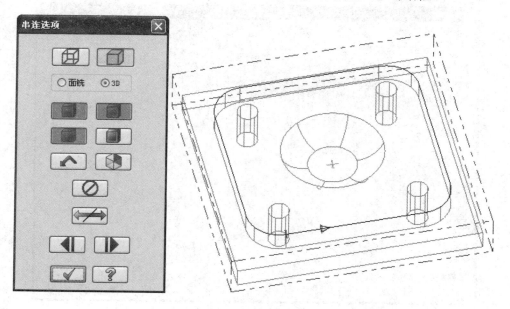

图 10-21　串连选择

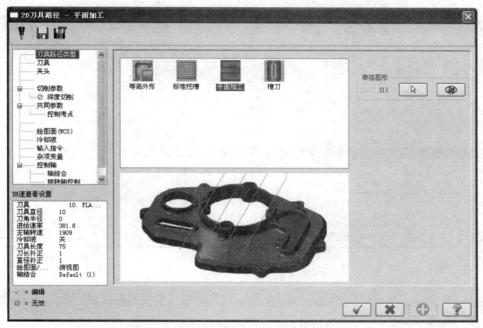

图 10-22　【2D 刀具路径-平面加工】对话框

2. 刀具参数选择

点击【2D 刀具路径-平面加工】对话框左侧目录树中的【刀具】，出现如图 10-23 所示界面，点击【选择库中的刀具】按钮，弹出如图 10-24 所示对话框，选择 229 号 $\phi 20$ 平底立铣刀。单击 ✓，回到如图 10-25 所示的对话框，此时所选刀具出现在列表框中，继续在该对话框设置【进给速率】、【主轴转速】、【下刀速率】等参数。

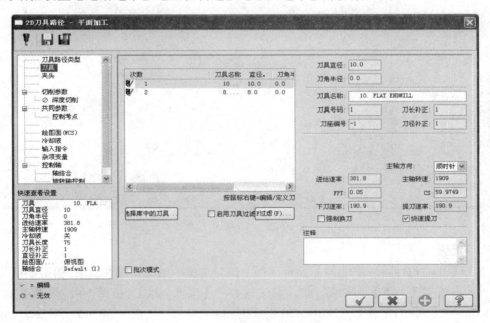

图 10-23　【刀具】界面

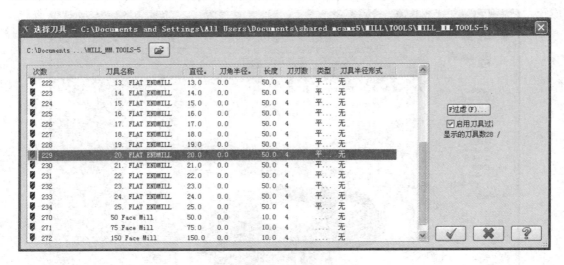

图 10-24   【选择刀具】对话框

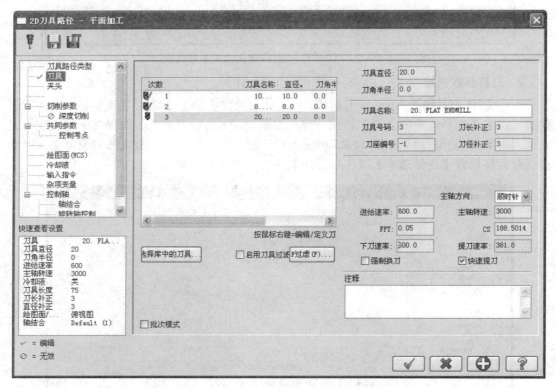

图 10-25   【刀具】设置

3. 工艺参数设置

点击【2D 刀具路径-平面加工】对话框左侧目录树中的【切削参数】，出现如图 10-26 所示界面，设置【类型】为双向。点击目录树中的【深度切削】，按图 10-27 设置参数；点击目标树中的【共同参数】，按图 10-28 设置刀具坐标。单击 ✔，弹出如图 10-29 所示刀具轨迹。

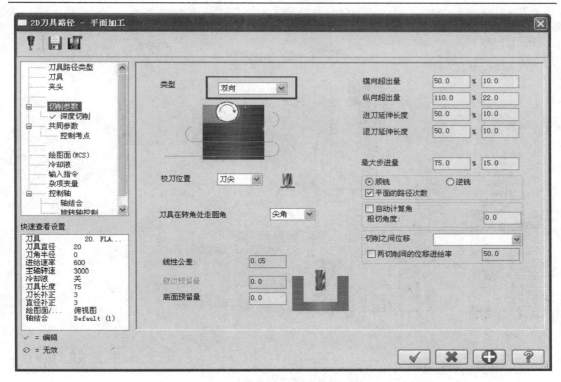

图 10-26 【切削参数】设置

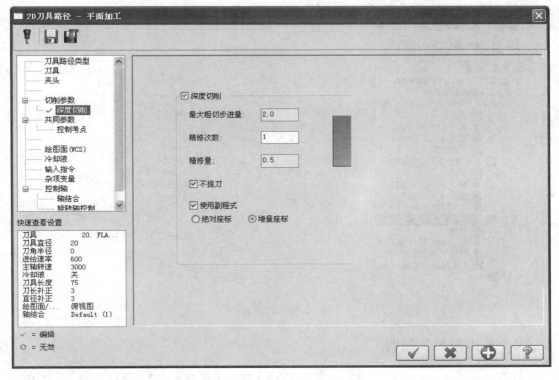

图 10-27 【深度切削】设置

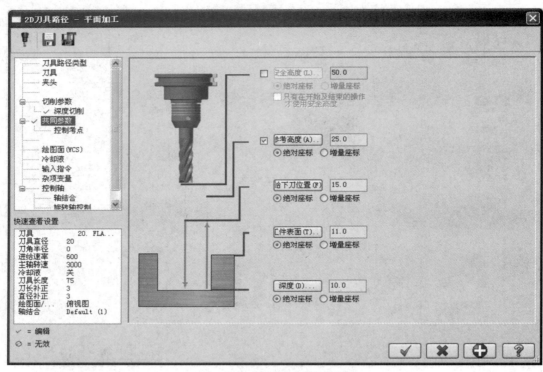

图 10-28 【共同参数】设置

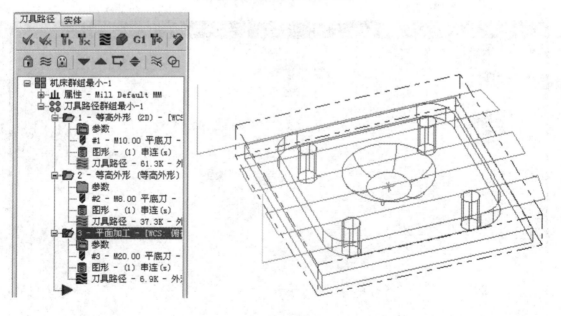

图 10-29 刀具轨迹

10.2.4 曲面粗加工挖槽

点击工具栏【刀具路径】|【曲面粗加工】|【粗加工挖槽加工】，弹出如图 10-30 所示

对话框。【加工曲面】选择所有表面；单击工具栏按钮，【边界范围】选择如图 10-31 所示圆形边框(箭头所指)，单击✓回到如图 10-30 所示的【刀具路径的曲面选取】对话框，单击✓，完成设置。

图 10-30　加工曲面

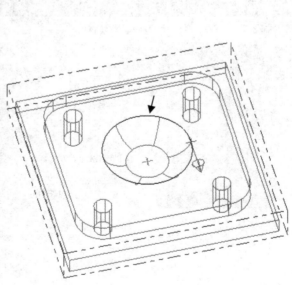

图 10-31　圆形边框

　　【刀具路径的曲面选取】对话框设置完后，系统弹出【曲面粗加工挖槽】对话框。在【刀具路径参数】选项卡下选取所需刀具及参数，如图 10-32 所示；【曲面加工参数】选项卡下的参数设置如图 10-33 所示；【粗加工参数】选项卡下选择默认设置；【挖槽参数】选项卡下的参数设置如图 10-34 所示。单击 ✓，弹出生成的刀具轨迹，如图 10-35 所示。

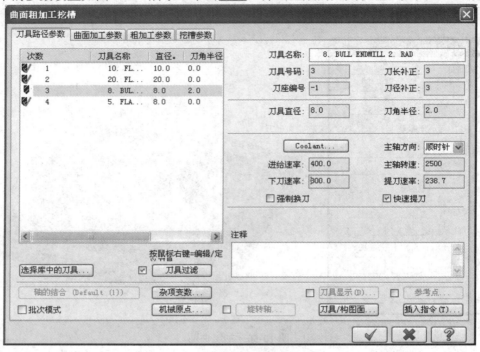

图 10-32 【刀具路径参数】设置

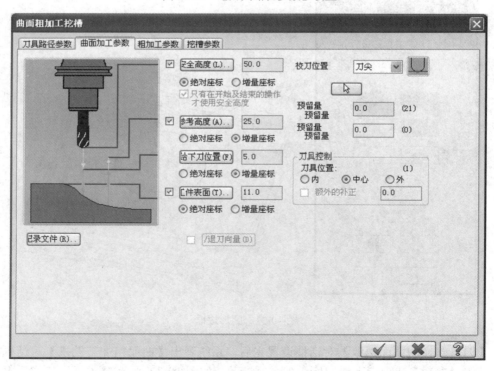

图 10-33 【曲面加工参数】设置

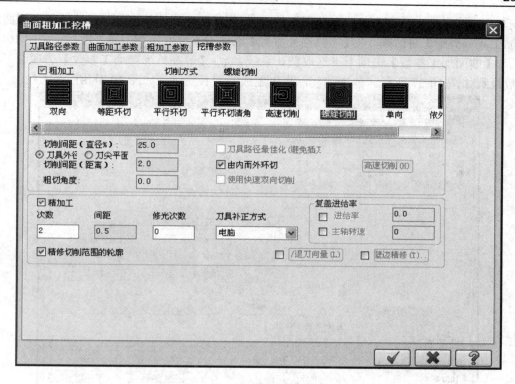

图 10-34　【挖槽参数】设置

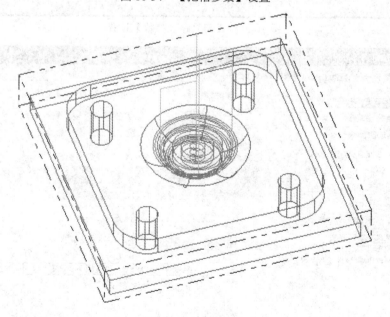

图 10-35　刀具轨迹

10.2.5　曲面精加工

点击工具栏【刀具路径】|【曲面精加工】|【精加工等高外形】，系统弹出如图 10-30

所示对话框，【加工曲面】、【边界范围】的设定同 10.2.4 节，单击 ☑，系统弹出【曲面精加工等高外形】对话框。在【刀具路径参数】选项卡下选取所需刀具及参数，如图 10-36 所示；【曲面加工参数】选项卡下选取默认系统参数；【等高外形精加工参数】选项卡下的参数设置如图 10-37 所示。单击 ☑，弹出生成的刀具轨迹，如图 10-38 所示。

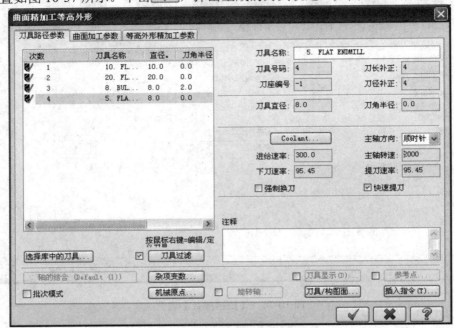

图 10-36　【刀具路径参数】设置

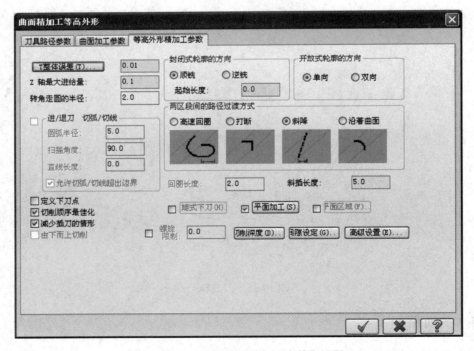

图 10-37　【等高外形精加工参数】设置

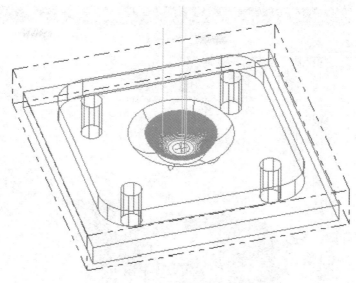

图 10-38　刀具轨迹

10.2.6　钻孔

点击工具栏【刀具路径】|【钻孔】，弹出如图 10-39 所示对话框，选择零件表面上 $\phi5$ 圆弧圆心。单击 ![✓]，弹出如图 10-40 所示的【2D 刀具路径-钻孔/全圆铣削　深孔钻-无啄孔】对话框。点击左侧目录树中的【刀具】选项，选择刀具为 $\phi5$ 钻头，加工参数如图 10-41 所示；点击左侧目录树中的【补正方式】选项，设置【贯穿距离】为 2，如图 10-42 所示；点击左侧目录树中的【共同参数】选项，设置【深度】绝对坐标为 0，如图 10-43 所示。单击 ![✓]，弹出如图 10-44 所示的刀具轨迹。

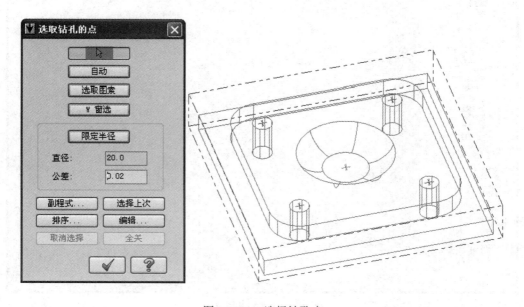

图 10-39　选择钻孔点

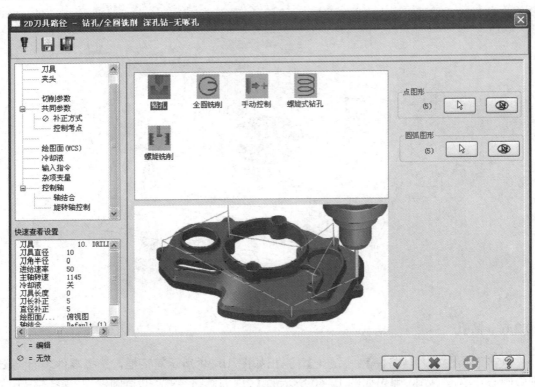

图 10-40　【2D 刀具路径-钻孔/全圆铣削 深孔钻-无啄孔】对话框

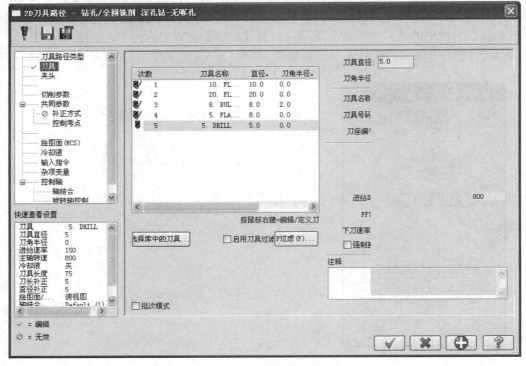

图 10-41　【刀具】设置

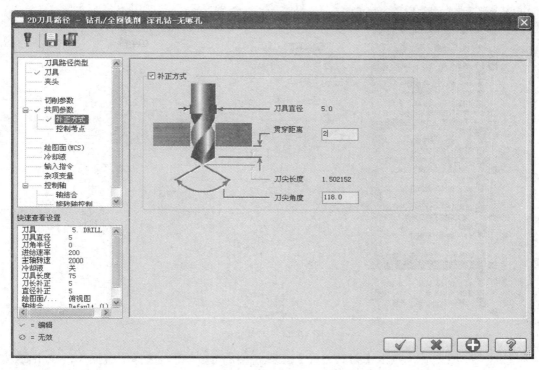

图 10-42　【补正方式】设置

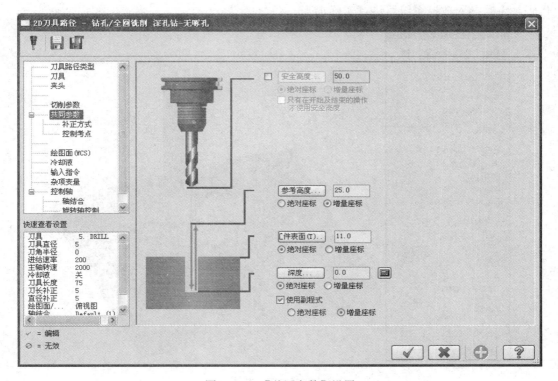

图 10-43　【共同参数】设置

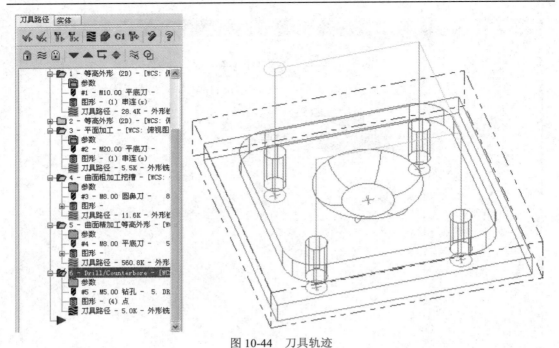

图 10-44　刀具轨迹

上述工序结束后，点击【刀具路径】工具栏中的 按钮，选择所有操作，点击 按钮，验证刀路，如图 10-45 所示。生成零件加工路径后，点击 **G1** 按钮，可生成相对应的 G 代码，将其导入数控系统可进行实际加工。

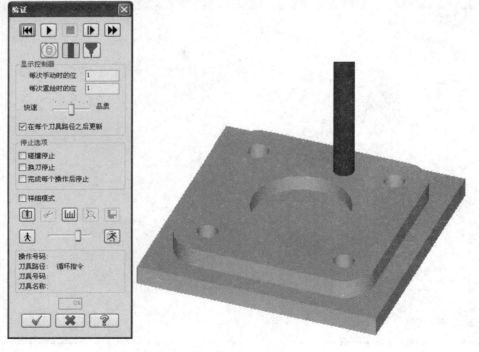

图 10-45　加工仿真

参 考 文 献

[1] 胡其登，戴瑞华. SOLIDWORKS$^{®}$零件与装配体教程[M]. 北京：机械工业出版社，2020.

[2] 陈峰华. ADAMS 2018 虚拟样机技术从入门到精通[M]. 北京：清华大学出版社，2021.

[3] 张秀辉，胡仁喜，康士廷. ANSYS 14.0 有限元分析从入门到精通[M]. 北京：机械工业出版社，2013.

[4] 江洪，李仲兴，邢启恩. SolidWorks 2003 二次开发基础与实例教程[M]. 北京：电子工业出版社，2003.

[5] 袁清珂，叶红弟. Logopress 3 冲压模设计从入门到精通[M]. 北京：化学工业出版社，2009.

[6] 袁清珂. IMOLD 注塑模设计从入门到精通[M]. 北京：化学工业出版社，2009.

[7] 杨晓雪，闫学文. Geomagic Design X 三维建模案例教程[M]. 北京：机械工业出版社，2016.

[8] 詹友刚. MasterCAM X6 数控加工教程[M]. 北京：机械工业出版社，2012.

[9] 郝丽，赵伟. LabVIEW 虚拟仪器设计及应用：程序设计、数据采集、硬件控制与信号处理[M]. 北京：清华大学出版社，2018.